要不要一起來感受
全穀蔬食烘焙多變的美味呢？

食譜工廠是創造幸福食譜的
感性工作室。
食譜工廠將創造簡潔的食譜，
為生活在這個模糊世界上的你
帶來小小的幸福。

Whole grain vegan baking

全穀蔬食烘焙時間

現在該是吃蔬菜的時間了
直到成為蔬食烘焙者為止

食品研究員，開始吃素

我從學生時期開始，就對健康料理、減重料理、美容食品等非常有興趣，這或許也是受到主修食品營養學的影響。在就讀研究所與任職於食品研究所的這十多年來，我運氣很好地能夠參與一項研究計畫，鑽研我所感興趣的蔬菜、水果等植物食品中所擁有的抗氧化成分（植化素，phytochemical）。也多虧了這項經歷，讓我得以全面了解與健康有關的飲食，甚至更進一步學習韓醫學、長壽飲食、涉略與瘦身相關的各式書籍等。回想起來，多虧當時打下的科學基礎，我現在才能夠在工作上堅持自己的信念。那是一段雖然辛苦，卻也令人感激的時光。結婚生子後，我過著日復一日的平凡生活。在這過程中，我與久未見面的朋友相見，發現她比以前更有活力，而且健康得令我驚訝。我問她秘訣是什麼，她說是「吃素」。於是我想起了被我放下好一段時間，曾經相當投入學習的那些知識。

我希望那些東西能夠再次回到自己的生命中，於是我也開始吃素。我想了解更多不同的料理，便開始學習寺廟料理、日本料理與義大利料理。

我自己嘗試全素（vegan），同時也以魚素主義（pesco vegetarian，不吃家畜、家禽類，僅吃乳製品、雞蛋、魚類、海鮮的素食主義）的方法照顧家人飲食。
就這樣，我持續了17年的吃素生活。

素食主義者，貪圖烘焙

我非常喜歡又甜又漂亮的甜點，因為甜點能為世上多人加油、帶給大家安慰。生日派對或結婚典禮上美麗的祝賀蛋糕能夠使整個活動更加耀眼，憂鬱疲憊的日子吃個甜甜的馬芬或餅乾，也能撫慰我們的心。

生產完開始帶小孩之後，許多人都經歷了類似憂鬱症的問題。我當然也有這樣的情況。所以為了克服這個問題，我決定開始學習我喜歡的烘焙。我的甜點總是很受家人朋友的歡迎，這也不只帶給我成就感，更讓我擁有了巨大的喜悅。也多虧了這點，我才能擺脫那種無力感，找回快樂的日常生活。

不過吃素的我開始學烘焙之後，發現自己漸漸對動物性食材非常敏感。最後因為奶油、雞蛋、鮮奶油的味道而逐漸遠離烘焙。這時吸引我注意的，就是不久前買的一本《蔬食烘焙》的書。沒錯！還有蔬食烘焙啊！雖然當時蔬食烘焙還不廣為人知，好感度也不高，因為不好吃。所有喜歡我甜點的家人都反對蔬食烘焙，但這更堅定我的決心，我一定要做出好吃又美味的蔬食甜點！

升級的蔬食烘焙，答案就在全穀

全麥麵粉、液體油、豆漿等都是蔬食烘焙的主要食材。要用這些單純的組合，同步兼顧味道、口感、外型、營養其實並不是一件容易的事。尤其口感更是困難。所以我加入了各種全穀粉，從改良口感開始嘗試。

全麥麵粉的口感、玄米粉的質感與香味、蕎麥粉的香味與口味全都不一樣，依據組合比例的不同而產生多種不同的口味、香味與口感。必須了解每一種粉的特性才能做到這一點。我沒有任何東西能夠參考，只能透過累積經驗，努力完成一份又一份的食譜，而這個過程真的非常有趣，讓我十分享受。接著我更進一步，加入黃豆粉、杏仁粉、椰子粉等，再搭配許多種子、果乾、新鮮水果與蔬菜，創造出滿意度更高、更全面的蔬食烘焙食譜。

我稱其食譜為「全穀蔬食烘焙」。感激的是，現在不光是我的家人、學生、就連消費者也都非常喜歡我的全穀蔬食烘焙。很多人說全穀蔬食烘焙美味且更健康，而且外型也好看許多。雖然家人阻止我，但我仍然決心做這件事，現在看起來真是個好決定，因為現在不用奶油和雞蛋，也可以做出非常美味且美麗的蔬食甜點。

我認為吃素與蔬食烘焙所具備的價值，似乎不只是為了自己的健康，也是為了保護動物與地球環境。希望可以有更多人享受這本書、透過這本書響應這個價值。只要加入我們，肯定能夠改變什麼。感謝為了本書提供許多寶貴意見的讀者參考團、一直沒有鬆懈的食譜工廠團隊，以及這個世界上我最愛的家人。

2021年2月，蔬食時刻　金奴柾

contents

Chapter 1

用全穀簡單製作
基礎蔬食烘焙與抹醬

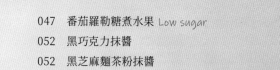

Chapter 2

加堅果、種子與水果乾的
全穀蔬食烘焙

Chapter 3

搭配新鮮蔬果的
全穀蔬食烘焙

Plus Recipe

多種健康食材組合而成的
穀麥片與營養能量棒

Basic Guide

這個篇章是為了初次接觸蔬食烘焙，或是想要系統性了解蔬食烘焙的人而準備的。

從全穀蔬食烘焙的定義到為何選擇蔬食烘焙的原因、主要食材與必備工具，

以及哪些秘訣可以讓甜點更好看，都收錄在這裡。

接著就讓我們為了更健康的甜點習慣，一起來了解全穀蔬食烘焙吧！

正確認識全穀蔬食烘焙

「純素（vegan）」是指所有營養都透過植物性食材攝取。現在有越來越多人基於各自的原因選擇吃素，對蔬食烘焙的關注度也逐漸增加。蔬食烘焙是什麼、本書追求的「全穀蔬食烘焙」又是什麼，就在這裡一一解答。

一般烘焙 vs. 蔬食烘焙

「蔬食烘焙（vegan baking）」這個詞的意思，就是完全排除雞蛋、奶油、牛奶、鮮奶油、明膠等一般烘焙中常用的動物性食材，只用植物性食材做的烘焙。在素食中，植物的根、莖、葉、果實、種子等所有部位都可以吃，所以在蔬食烘焙當中，會以全麥麵粉取代精製麵粉、以有機非精製砂糖取代白糖，主要使用低加工的食材。雖然有時會覺得這樣很不方便、很繁瑣，不過為了健康、為了環境、為了動物，我願意接受這樣的不方便。

一般烘焙是經過長時間與無數人的研究和努力累積而來的，所以已經非常好吃，外型也非常美麗。而蔬食烘焙則相對較不美味、外型也較不美觀。不過一般烘焙與蔬食烘焙用的食材截然不同，所以也不太能以相同的標準來評價。說蔬食烘焙「味道不一樣」、「造型不一樣」或許是比較適當的觀點。

開始吃素與蔬食烘焙的三個理由

人們成為素食主義者，並開始關注蔬食烘焙都有很多原因，大致可以分為三種：第一是因為健康因素而不能吃動物性食品。對牛奶、雞蛋、乳製品等動物性食材過敏、吃甜點就會消化不良的人就屬於這一類。

第二則是希望能夠保護受不人道飼養的動物，拒絕虐待動物或吃肉的人。現在許多人都有養寵物，也不斷提出動物權利的問題，因此決定吃素的人也增加了。第三則是反對畜牧工業等龐大的動物產業破壞自然環境，也就是從環保運動的角度選擇響應吃素。這些人秉持的信念不是「至少要有我一個人做這件事」，而是「這件事必須從我開始」。

一般烘焙與蔬食烘焙用的食材截然不同，所以也不太能以相同的標準來評價。
說蔬食烘焙「味道不一樣」、「造型不一樣」或許是比較適當的觀點。

不是以全麥為主的單調蔬食烘焙，而是加入全穀、種子、堅果、蔬菜、水果等
多種食材，更加立體、有層次的蔬食烘焙，就是全穀蔬食烘焙。

動物提供人類許多好處。代替人類出力幫忙工作、成為人類的朋友、提供糧食以讓人類補充營養、毛皮可以用於服飾、寢具或鞋子、保護人類的腳、讓人類更加耀眼。也提供蛋跟牛奶讓人類使用，製成牛奶、優格、鮮奶油、奶油、起司等。

烘焙中，經常使用動物提供的食材做出美觀且美味的甜點。不過食材獲取的方式漸漸從「動物所提供的」變成「人從動物身上榨取的」，出現許多社會、倫理、環境的問題。過去我們只認為好吃就好，不會去思考健康問題，但從現在開始，是不是應該多多關注顧及動物、環境、倫理等方面的食譜呢？

從蔬食烘焙到全穀蔬食烘焙

很多人雖然能夠理解蔬食烘焙的好、蔬食烘焙的與眾不同，但接觸之後發現無論是味道、外觀還是變化性都有些可惜。一方面也是因為習慣於華麗、甜美的甜點，另一方面也是因為使用的材料、製作方法的確一直都很單調，會有這樣的結果似乎也無可厚非。於是為了改善這些缺點，我便開始嘗試「全穀蔬食烘焙」。

「全穀蔬食烘焙 (whole grain vegan baking)」是為了在美味、質感、外型、營養等方面全面升級，而以多種穀物 (全穀) 粉調和，再運用多種不同的油品、糖類等，加入大量的種子、堅果、蔬菜、水果等原型食物，是綜合了更多元素的蔬食烘焙。所以風味比過去只用全麥麵粉、植物油等製作，味道出奇平淡的蔬食烘焙更加豐富。

讓我們一起來了解全穀吧。全穀是用完整的穀物，也就是收成之後經過最少的精製過程的粗糙穀物。例如只有去殼 (稻殼)，完整保留米糠的米稱為玄米 (糙米)，連米糠都去掉只剩胚芽的稱為白米。「玄米屬於全穀」，而「白米是精製米」。大部分的全穀物殼都含有豐富的蛋白質與膳食纖維，也富含酵素、維生素、脂肪，在營養上可說相當出色。每一種全穀都有不同的味道、獨特的風味與營養，隨著組合的方法不同，成品的味道、香味與營養也會有更多元的變化。

此外，全穀蔬食烘焙當中不只使用全穀，就連種子、堅果、水果、蔬菜也都是連皮一起使用，簡言之是使用全天然食品（whole food），這樣一來就能充分攝取植化素。「植化素（phytochemical）」是植物（phyto）中對我們身體非常有益的抗氧化成分，主要存在於食物的外皮。全穀與天然食品的組合能夠讓食物更有味道，所以全穀蔬食烘焙中也只使用最少量的有機非精製糖來增加甜味，或是只用水果的天然甜味來代替。

因為使用了多種食材，乍看之下可能會覺得很複雜，不過食材都會重複使用，料理方法也很類似，所以很快就會熟悉了。不過為了讓成品完成度更高，建議還是放慢速度一步一步跟著做。本書介紹的全穀蔬食烘焙並不是把重點擺在技巧的食譜，而是更加著重食材本身的特性。跟只要有點不一樣就容易失敗的烘焙不同，只要能夠理解食材的特性，就可以依照個人喜好做點變化。當然絕對不能貪心！一開始必須好好地跟著食譜來練習，這才是最重要的。

其他的健康烘焙

裸食烘焙 Raw food baking

這種烘焙的重點在於不加熱。以冷凍、冷藏、攝氏50℃以下的乾燥法製作甜點，目的在於不讓食材原本的性質因加熱而產生性質上的改變，同時也能保留植物中的酵素，以便身體吸收這些營養。完全不使用動物性食材，就連與動物有關的材料都不使用，屬於嚴格的素食。

· 不加熱、攝氏 50℃ 以下乾燥
· 使用堅果類、水果、蔬菜等所有不加熱的新鮮食材
· 只使用植物性食材

米烘焙 Rice baking

是以烘焙米穀粉代替麵粉的烘焙方法。有多種不同米穀粉可使用，可依目的選擇合適的米穀粉。主要分為用於製作年糕的濕式米穀粉，與主要用於製作糕點與麵包的乾式米穀粉。麵包用的烘焙米穀粉所做出來的麵包，質感會與添加小麥蛋白的麵粉做出的麵包類似。

· 烤箱加熱
· 使用烘焙米穀粉 (乾式、濕式) 或
  含小麥蛋白的烘焙米穀粉
· 動物性、植物性食材都使用

無麩質烘焙 Gluten-free baking

這種烘焙法是由於麩質對腸道健康有害、不易瘦身、不易消化，會危害腦部、過敏等問題，而不使用所有添加麩質的食材。不光是麵粉，連大麥、古斯米、卡姆麥、黑麥、斯佩爾特小麥等，都因為含有麩質而不使用。在無麩質烘焙中最常使用玄米粉，此外也會使用蕎麥、玉米、黍、高粱、小米、燕麥等穀物，或藜麥、莧菜等種子類，也經常使用從馬鈴薯、玉米、木薯、葛根中萃取出的澱粉。

· 烤箱加熱
· 烘焙米粉或無麩質的所有粉類都使用
· 動物性、植物性食材都使用

生酮烘焙 Keto baking

這是一種減少攝取碳水化合物，讓身體能量的代謝不是透過分解葡萄糖，而是透過分解脂肪產生的生酮飲食法。因為是追求低碳水化合物的甜點，所以不會使用麵粉、烘焙米穀粉、穀物粉等。主要使用杏仁粉、榛果粉、椰子粉、亞麻籽粉等幾乎沒有碳水化合物或含量較低、脂肪含量較高的食材。也會使用糖醇或糖指數較低的調味料代替砂糖。大量使用奶油、雞蛋、鮮奶油等動物性食材。

· 烤箱加熱
· 使用蛋白粉或杏仁粉等碳水化合物含量低
  或不含碳水化合物的粉類
· 動物性、植物性食材都使用

了解全穀蔬食烘焙使用的粉類

這裡將介紹代替白米粉，為糕點增添風味與美味的各種粉類食材。
本書中不僅使用全麥麵粉，還使用各種不同的全穀粉混合搭配，追求更多元的口感與美味。
歡迎使用在營養成分上也更為優秀的全穀粉。

[全穀粉]

• 全麥麵粉
膳食纖維與礦物質等營養較一般精製麵粉豐富，需要的水也比精製麵粉多，所以需多加留意水量調整。

• 黑麥粉
黑麥是麥子的一種，麩質含量非常低。因為是連殼一起磨成粉，所以口感較為粗糙，不過保留了黑麥的香味跟滋味。黑麥粉中含有黏性的膠質，需要的水也比精製麵粉多。

• 玄米粉／黑米穀粉／紅米穀粉
不將米的外殼去掉，而是直接磨成粉，不僅營養價值高且非常香。尤其玄米殼含有豐富的蛋白質與膳食纖維。黑米穀粉則含有花青素，紅米穀粉含有紅麴菌這種紅色色素，都有各自獨特的香味與滋味。

• 蕎麥粉
蕎麥嚴格來說並不是穀物，而是一種香草，不過具有類似穀物的特性。蕎麥是一種香味很強烈的黑色粉末，不含麩質，所以主要用於想減少麩質攝取或製作無麩質烘焙料理。

• 燕麥粉
富含蛋白質、脂肪、膳食纖維，但不含麩質。用於餅乾或磅蛋糕時能讓風味更多變，口感也更柔軟。

• 玉米粉
有著甜甜的香味，能增添成品的風味，烘烤後會發出淡淡的鵝黃色。跟玄米粉搭配使用風味更佳。

• 麵茶粉
將多種穀物與豆類一起磨製而成的產品，可以一次攝取多種營養。麵茶粉本身很香，適合做多種不同搭配。不過顆粒較粗所以需要較多水，如果一口氣放太多可能會導致成品太過鬆脆。

[其他粉類]

• 杏仁粉
這是將杏仁磨成粉末後的產品，可以中和全麥麵粉的粗糙口感。杏仁粉本身很香，且能夠讓口感更軟嫩，所以若食譜使用大量的烘焙米穀粉，建議可以搭配杏仁粉使用，具有防止甜點口感太硬的效果。

• 椰子粉
將椰子果肉乾燥後磨成粉製成的產品。脂肪含量高且很香，用於製作餅乾、磅蛋糕時能夠讓成品更軟且風味更多變。加太多可能會很油，請多留意。

• 葛根粉
是從葛根中萃取出的澱粉，味道跟一般的澱粉非常相似。相較於其他澱粉類更常用於烘焙，原因在於跟不含麩質的玄米粉或黑麥粉混合時，能夠做出類似麩質的口感。葛根粉本身散發淡淡的葛根香，價格比較昂貴一些。

[購買與保存]
大部分的粉類食材都可在烘焙相關的網路購物商城買到。為了美味與營養，建議可以使用有機產品，這時推薦到值得信賴的有機食品賣場（Hansalim、自然夢想、ORGA等）購買。開封後請使用密封容器或密封條收納，避免與空氣接觸，並存放在乾燥陰涼處。

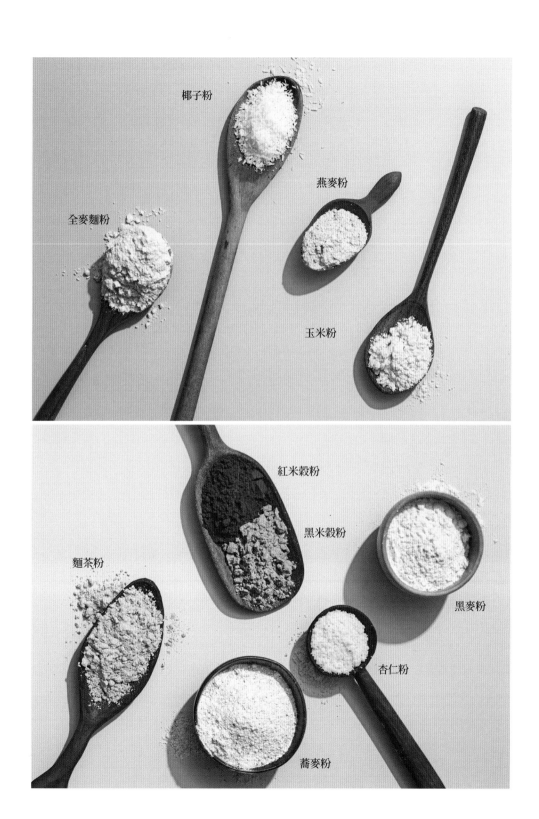

椰子粉

燕麥粉

全麥麵粉

玉米粉

紅米穀粉

黑米穀粉

麵茶粉

黑麥粉

杏仁粉

蕎麥粉

選用植物性的烘焙主要食材

一般烘焙中使用的主食材如牛奶、雞蛋、奶油、白糖不僅是為了美味，也是因為各有重要的功能而成為不可或缺的食材。在蔬食烘焙中，我們只要選用具類似功能的植物性食材即可。為了更完美的蔬食烘焙，請務必了解相關資訊。

[牛奶替代品]

牛奶的角色是調整麵團的黏稠度、增添柔軟的口感、香味以及風味。蔬食烘焙中會以多種植物奶取代牛奶，依據使用的種類，其糖度、固形物、脂肪含量都不同，最重要的是先了解食材的特性之後再做選擇。

• 豆漿

豆漿是最能夠取代牛奶的食材，建議選擇不含添加物也不含糖的產品。每個品牌的固形物含量、顏色、味道、香味都不同，只要濃度跟牛奶差不多就適合用於烘焙。豆漿的原料是黃豆，其中的卵磷脂成分能夠促進乳化作用，使乳脂更容易混合在一起，所以建議選擇大豆固形物含量高的產品。

• 堅果奶

有杏仁奶、腰果奶、開心果奶等多種不同的堅果奶。不同品牌所添加的香味都不太一樣，可依照個人喜好選擇。

• 椰奶

由熟成的椰子果肉中萃取出的椰奶，有著獨特的椰子香。脂肪含量介於百分之5至7之間，有著比牛奶更濃厚的味道與口感。適合搭配紅蘿蔔、熱帶水果、咖啡、巧克力等食材。

• 穀物奶

主要有使用燕麥和米做成的奶。燕麥奶較沒有獨特的香味，適合用於質感較輕的餅乾或蛋糕。各品牌的口味跟香味都不太一樣，使用時請多加留意。米穀奶都是以添加一定糖分的形式販售，若要使用米穀奶的話就建議減少食譜中的糖分。米穀奶本身黏性較低，口感也會較輕、較柔軟。

[雞蛋替代品]

雞蛋的角色是讓口感更鬆軟、增添美味與風味。同時也是能幫助油水混合在一起不易分離的乳化劑,同時扮演許多種角色。不過植物性食材中沒有雞蛋這種集多種功能於一身的角色,所以必須組合多種食材才能完成食譜。

• 水果泥
將水果切碎或磨碎製成,主要使用香蕉泥和蘋果泥兩種。香蕉不僅帶著隱約的甜,更能夠代替雞蛋的質感,尤其非常適合巧克力製品。蘋果磨碎用於烘焙則能營造溫柔的甜味,同時也能使成品的質感更濕潤。此外還會使用無花果、酪梨、鳳梨等水果。

• 豆腐
壓碎加入麵糊之後可以增加麵糊的濃度。也可以讓馬芬、磅蛋糕、蛋糕的口感更軟,加在餅乾麵團裡則會更香。將多餘的水分去除後,就不會有豆腐獨特的臭味。不同種類跟品牌的豆腐含水量也不同,所以在控制水量上會比較困難。

• 山藥
由於含有黏蛋白成分,所以本身質感較為黏稠,磨碎用於烘焙可以代替雞蛋的黏性。能夠幫助消化。

• 澱粉
加水混合後加入麵糊中,能夠做出類似雞蛋的黏稠質感,故經常用於代替雞蛋。主要使用的澱粉有葛根粉、馬鈴薯澱粉與木薯粉,澱粉與水的比例是1比3。可以配合要做的成品特性調整水量。

• 豆漿+酸
主要是利用豆漿的蛋白質遇酸就會凝固的原理,讓豆漿變成具黏性的黏稠狀。酸可以選用檸檬汁或醋,用量大約是豆漿容量的百分之五。凝固後的大豆蛋白質非常穩定,很容易起泡,而且能夠維持很久。

• 亞麻籽
亞麻籽磨碎後加水泡開會變黏稠,跟雞蛋非常相似,被稱為「素食蛋」,經常用來代替雞蛋。碎亞麻籽跟水的比例一般是1比3,但也可以依照成品的特性調整。

• 泡打粉&烘焙蘇打粉
泡打粉雖然不能說是植物性食材,但可以代替雞蛋的發泡特性,是負責讓烘焙成品膨脹的重要食材。通常搭配烘焙蘇打粉一起使用會更容易發泡,做出來的成品也堅固且紮實,還可以去除烘焙蘇打粉的苦味。此外,泡打粉如果搭配檸檬汁、醋一起使用,就可以讓麵糊的顏色更白。

奶油的角色是使成品更美味、更香、風味更足,同時也決定口感與質感。低溫奶油能創造酥脆口感,融化的奶油則能讓口感較軟。蔬食烘焙中大量使用沒有香味的油、有獨特香味的油、室溫固體油、堅果油等製品。油可以會影響成品口感的軟硬、烤出來的顏色以及濕潤度等,比起一個勁地減油,更建議適量使用比較好。

· 葡萄籽油/玄米油
這兩種油發熱點高,且幾乎吃不出味道也沒有什麼香味,是蔬食烘焙中經常使用的油。優點是能夠襯托其他食材的味道,但缺點是有時候也會無法蓋掉烘烤過程中產生的異味。

· 橄欖油
濃縮初榨橄欖油有著獨特的香味,跟合適的材料搭配使用就能做出最佳口感與風味。不過油的發熱點本身不高,不適合溫度要超過200℃的烘焙,經常用於烘烤溫度介於160至180℃之間的甜點。

· 椰油
低於攝氏24℃是固體,超過這個溫度就會變成液體,所以必須配合要做的成品調整溫度後再使用。例如司康就要用固態椰油,蛋糕則要用液態椰油。椰油本身有椰子的獨特香味,很適合用來為成品添加風味。

· 堅果類奶油(花生奶油、杏仁奶油)
比起單獨使用,更建議搭配其他油品一起使用,不僅可以減少油的用量,也能夠提升風味。堅果類中含有豐富的Omega-3脂肪酸,這是其他油品較沒有的營養,優點是能夠做出在營養上更升級的甜點。

砂糖的角色是增加甜味、讓泡泡更柔軟,以及讓成品烤出來的顏色更美。此外,砂糖的份量也會影響餅乾或司康的脆度、影響蛋糕的柔軟度,對口感會帶來較大的影響。比起拚命降低甜度,或選擇較不容易吸收的機能性糖製品,更建議配合甜點的特性選擇合適的糖來使用。

• 有機非精製砂糖
跟一般砂糖相比,未精製的砂糖完整保留了維生素與礦物質。甜度雖較一般砂糖低,比較不容易感覺甜膩,也能夠使成品的甜味更加柔和。

• 龍舌蘭糖漿
這是從龍舌蘭中萃取出的天然糖,含有豐富的礦物質。沒有固定的味道與香味,很適合做廣泛的運用。效果跟蜂蜜類似,能夠讓成品的甜味更明顯、口感更好,同時也達到相同程度的鬆軟與濕潤。

• 楓糖漿
是濃縮楓葉樹液並將水分去除後製成的糖漿,含有豐富的礦物質,同時也有獨特的香味。黏度較龍舌蘭糖漿低,也比較不黏稠,能夠營造出較輕盈的水感。

• 蜂蜜
經常因為究竟算不算素食而引起爭議的產品之一,在嚴格的素食中不會使用蜂蜜這種糖。蔬食烘焙會用到蜂蜜的情況,大多是為了利用蜂蜜獨特的風味,或是希望能藉由蜂蜜,創造比砂糖或其他糖漿更加濕潤的口感。

• 造清(人造蜂蜜)
造清是「人為製造的蜂蜜」,是將穀類的澱粉分解後得到的糖,濃縮成水分的百分之十製成的產品。對不使用蜂蜜的素食者來說,使用人造蜂蜜可以達到類似的效果。

準備書中使用的多種工具

以下將介紹能幫助烘焙更輕鬆、作法更準確的工具。
是從計量到製作、裝飾的必備工具，請仔細閱讀。

[降低失敗率的測量工具]

• 電子秤

烘焙的基本就是準確的計量，所以每種材料都要用電子秤準確測量。開始製作之前，必須依照食譜將所有食材都先量好，這樣製作過程才會更輕鬆。

• 溫度計

在熬煮糖漿、融化巧克力等非常重視溫度的步驟中，必須使用溫度計才能降低失敗率。有利用紫外線測量溫度的「非接觸式紫外線溫度計」，也有直接插入測量溫度的「探測型溫度計」，依照個人偏好選擇就好。如果沒有烘焙用的溫度計，那也可以使用非接觸式溫度計。

[做出完美麵糊與麵糰的工具]

• 打蛋器

蔬食烘焙中不使用手持攪拌器，而是使用打蛋器。主要用於在混合豆漿與酸類，使豆漿凝固並進行發泡、讓豆漿與油品充分混合在一起等。小的打蛋器用於混合液體、促進乳化，大的打蛋器則用來拌麵糊。

• 矽膠刮刀

烘焙中所有食材的份量都必須精準才能毫無偏差地做出完成品，所以必須用矽膠刮刀將盛裝材料的容器、混合麵糊的碗刮乾淨才行。另外在混合麵糊材料時也會使用矽膠刮刀。

• 烘焙刮板

混合餅乾或司康麵團時，經常會使用像要把麵糊切開一樣的攪拌方式，這時就需要使用烘焙刮板。建議使用只有一面是直線，另外一面則是圓弧曲線的產品。用碗或盆子拌麵糊時就用圓弧面，用四方型的盤子或是在桌面上拌麵團時就用直線面。

• 篩網

粉類食材如果結塊，在麵糊裡不僅拌不開，做出來的成品也會不平均。尤其可可粉跟杏仁粉都容易結塊，使用前請務必先過篩。

[方便塑形均一的工具]

• 擀麵棍

在做餅乾、花生糖、佛卡夏等製品時，讓麵團變薄、變扁平時使用。讓麵團維持一樣的厚度，烘烤時才不容易失敗。如果沒有擀麵棍，也可以用又長又硬的瓶子代替。

• 冰淇淋挖杓

冰淇淋挖杓可以用來分裝麵團跟麵糊，即使不一一過秤，也能確保分量均等。在分裝馬芬麵糊、餅乾麵團時，使用冰淇淋挖杓會方便許多。

• 擠花袋

擠花袋分為清洗過後可重複使用的產品與拋棄式產品。在做磅蛋糕等需要將模具填滿不留任何縫隙時、在做瑪德蓮等必須讓每個模具中的麵糊均等時都會用到擠花袋，是在分裝麵糊時能夠更簡單俐落的工具。

[烘烤用工具]

• 烘焙墊

為了避免餅乾或司康麵團黏在烤盤上，通常會在底部鋪一張烘焙墊再拿去烤。烘焙墊是塗有高耐熱塗層的烘焙紙，如果沒有烘焙墊也可以用一般的烤盤紙代替。不過烘焙墊本身可以永久使用，直接買一個會比使用烤盤紙更經濟實惠。

• 透氣墊

這是網狀的烘焙墊。我使用的是烤箱專用的透氣墊。也可以用矽膠食物墊來代替。用透氣墊代替烘焙墊，餅乾或司康烤出來會更脆。

• 冷卻網

餅乾、司康、蛋糕等製品從烤箱裡拿出來之後，一定要放在冷卻網上冷卻。這樣才能防止水分再吸收，使得成品變得濕潤軟爛。選擇有微微墊高的冷卻網，就可以縮短冷卻時間。

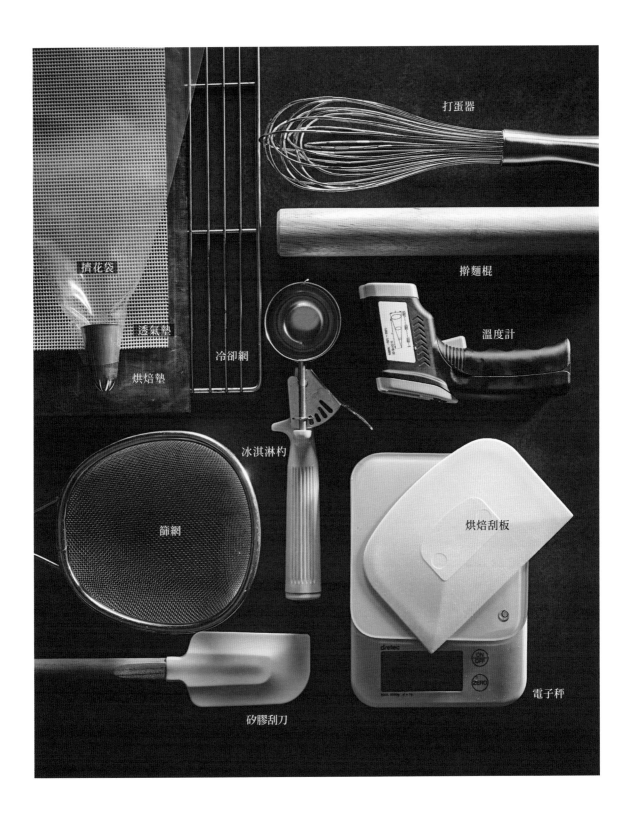

打蛋器

擀麵棍

擠花袋

透氣墊

冷卻網

溫度計

烘焙墊

冰淇淋杓

篩網

烘焙刮板

矽膠刮刀

電子秤

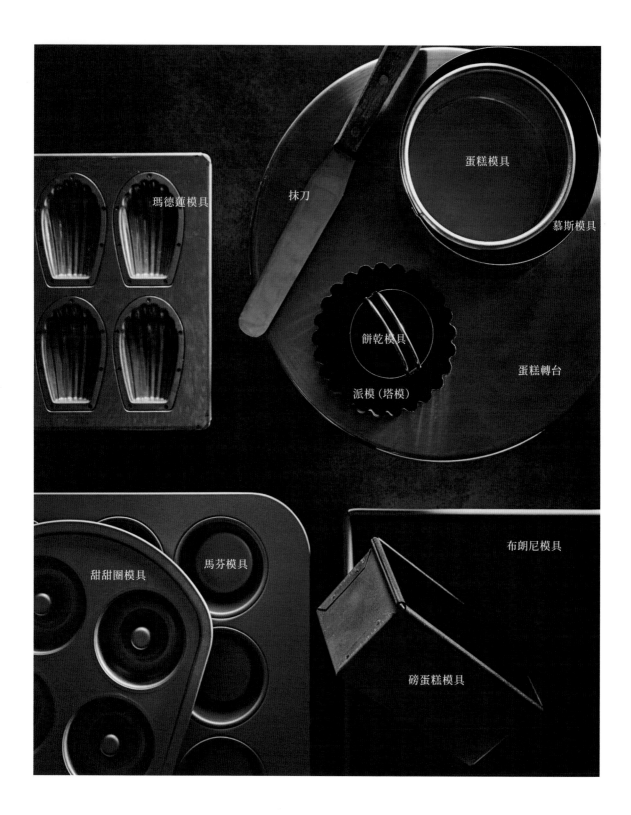

瑪德蓮模具

抹刀

蛋糕模具

慕斯模具

餅乾模具

派模（塔模）

蛋糕轉台

甜甜圈模具

馬芬模具

布朗尼模具

磅蛋糕模具

[多種形狀的烘焙模具]

· 馬芬模
使用直徑5cm的模,可視烤箱容量準備6連、8連、15連等不同大小的模具。模具分為有塗料與無塗料兩種,無塗料的模具一定要搭配馬芬烤盤紙使用。

· 磅蛋糕模
比起大容量的模具,更建議使用迷你尺寸或薄長型的模具。如果用又寬又深的大模去烤蔬食磅蛋糕會花很多時間,烤完後中間的麵糊也有可能仍會是未成型的黏稠狀。

· 布朗尼模具(四方模)
主要使用20×20cm的四方型模具,通常會先鋪烤盤紙或烘焙墊再倒入麵糊。

· 甜甜圈模具
甜甜圈的中央有個洞,所以熱傳導會比較均衡,是較能夠做出均一質感的烘焙點心。可以依照自己的喜好選擇甜甜圈模的大小。

· 瑪德蓮模具
鐵製模具與矽膠模具兩種都可以使用,不過麵糊的狀態可能會影響成品的樣子。鐵製瑪德蓮模具烤出來的成品表面會較為酥脆,矽膠模具則是較為濕潤。可依照想要的口感選擇。

· 蛋糕模具
在烤蛋糕時使用,通常是先鋪烤盤紙再倒入麵糊。通常會在要烤高度較高但直徑較小的蛋糕體時使用。比起大模具,更常使用直徑12cm

的迷你尺寸模具。

· 慕斯模具
烤蛋糕時可以代替蛋糕模使用。用慕斯模具固定烤盤紙,在脫模的時候會比較方便,而且高度較低收納也較容易。主要用於烤直徑較大較低矮的蛋糕體。比起大模具,更常使用直徑15cm的迷你慕斯模具。

· 派模(塔模)
雖然是在做派或做塔時使用的模具,不過翻過來也可以當成餅乾模具使用,非常靈活。

· 餅乾模具
可以將用擀麵棍擀平的麵團切成固定形狀的工具,有圓形、四方形、星形等許多不同造形。

[裝飾用的工具]

· 蛋糕轉台
在幫蛋糕抹奶油的時候,為了讓奶油能夠平均塗抹在蛋糕體上而使用的工具。將蛋糕體放在轉台上,並將奶油放在蛋糕體上,一邊轉動一邊將奶油塗抹開來。如果沒有蛋糕轉台,也可以放在又大又平的盤子上來協助自己塗抹奶油。

· 抹刀
主要是在蛋糕體之間塗抹奶油時、上糖霜時使用。餅乾烤好之後,也可以用抹刀來移動餅乾以避免餅乾碎掉。

[了解自家的烤箱]
烘焙時內有風扇能夠幫助熱循環的對流式烤箱比較方便。不過如果家中已經有烤箱,那麼與其新買一台,不如好好了解自家烤箱的特性,花費時間烤箱培養感情。
以書中食譜提供的溫度與時間為基準去烤,如果烤出來不夠熟或是太焦,那就把溫度調高或調低5℃,烤的時間也以5分鐘為單位增減,好好掌控烤箱內的溫度。
如果烤得不夠均勻,那就有可能是發熱線發熱不平均,在烤的時候可以適時把烤盤拿出來轉個方向再放進去烤。

運用凸顯風格的食材與配件

・水果乾與蔬菜和堅果類

柳橙、檸檬、番茄、紅蘿蔔、花椰菜、蓮藕等顏色
與外型都很美的蔬果，乾燥後也能用於烘焙。
可以使用食品乾燥機設定在攝氏50℃來處理蔬
果，也可以購買市售的乾燥水果切片或蔬菜切片。
* 參考第76、115、132頁

・香草與食用花

迷迭香、百里香、薄荷、蒔蘿等香草，能夠為平淡的甜點
增添香味與色彩，多變的食用花則能讓甜點更加華麗。
香草通常只摘葉子使用。
食用花則可做不同色彩搭配，同色系的感覺較為沉靜，
對比色系則會感覺較為活潑。
* 參考第76、110、140頁

・各種天然粉類

使用可可粉、麵茶粉、綠茶粉、石榴粉、椰子粉等加入麵
糊中的粉類或味道合適的粉類，就可以為烘焙製品的外
型增加不同的色彩。可運用於餅乾、蛋糕、瑪德蓮等不
同的製品。
* 參考第42、60、68、136、141、154頁

只需要稍微做點裝飾，就能讓常見的烘焙糕點變得更有特色。
想讓味道有更多變化時、要送禮時，都能運用這些技巧。

·立體裝飾與烘焙滴管

將紙膠帶或貼紙背對背黏在牙籤上，就能做出屬於
自己蛋糕裝飾。
在蛋糕、瑪德蓮、磅蛋糕、司康等本身有一點弧度的
烘焙糕點上，插上用牙籤做成的裝飾，或用烘焙滴管
裝滿糖漿或水果泥插上去，就能讓糕點變得更可愛。
烘焙吸管可以在販售烘焙包裝材料的網站買到。
* 參考第124、127頁

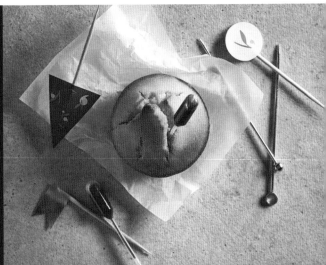

·糖衣糖漿與糖霜

糖衣與糖霜是一種為了讓食物變得更有光澤，而將糖
裹在外層的方法。糖衣只需要選擇適合甜點的風味糖
漿即可，而糖霜則主要是由糖粉與檸檬汁混合製成，
可依照個人喜好選擇添加食用色素或天然著色粉，讓
糖霜呈現理想的顏色。塗抹在烘焙糕點或磅蛋糕上，
不僅能夠改變造形，更能夠提升風味，還可以留住水
分，讓烘焙糕點更濕潤。
* 參考第114、132、140頁

·巧克力

我們會將巧克力融化，並且包裹或塗抹在烘焙糕點的外層。
在巧克力凝固之前，也可以撒上堅果、水果乾等配料以增添
風味。使用素食用的白巧克力或草莓口味的巧克力，就能夠
做出更多不同的顏色。
本書中使用的白巧克力或草莓味巧克力，都是不使用任
何動物性材料，只用果汁來增添風味的VALRHONA
INSPIRATION巧克力產品。
* 參考第76、115頁

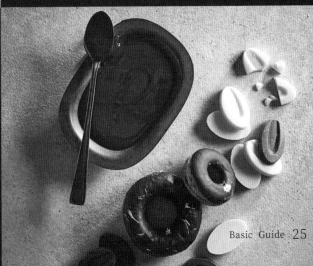

關於全穀蔬食烘焙，我有疑問

Q 全穀蔬食烘焙的食材或工具要在哪裡購買？
請推薦老師常用，一次就能買齊所有東西的地方。

A 蔬食烘焙的食材跟工具都可以在一般的烘焙網路商城買到。有機非精製砂糖、全麥麵粉或玄米粉等全穀物粉、有機食材等買起來雖然有點貴，但我都是透過Hansalim、自然夢想、ORGA等販售有機農產品的管道購買。如果在韓國買比較貴，或是外國產品比較好的話，我也會使用海外購物網站，不過還是盡量選能在韓國買到的產品使用。比起在同一個地方買齊所有需要的東西，我會先決定好自己的預算與品質，再配合自己的標準到合適的地方購買，以下是我經常使用的管道：

烘焙商城、烘焙村：烘焙工具

Hansalim、自然夢想等：全穀食材、有機食材

包裝119：盒子、烤盤紙等包裝相關的耗材

Market kurly：新鮮蔬菜與香草類

Coupang、iHerb：購買韓國沒有的材料

Q 全穀粉保存時需要注意什麼？
因為如果沒有妥善保存導致食材酸掉或腐壞，反而會對健康不好。

A 全穀粉必須密封，存放在不被陽光照射到的室內陰涼處。超過攝氏30℃的夏天，我會暫時把全穀粉放進冰箱裡，不過我不太推薦這個做法。食材很容易吸收冰箱冷藏室與冷凍室裡的味道，在做烘焙糕點時反而會失去原有的味道與香味，散發令人不愉快的氣味。我通常會收納在密封容器，或是用密封條將包裝封起來，然後放在光線照不到且室溫不會太高的室內處。

Q 粉類食材可以利用原型食材磨碎製成嗎？
我想這樣或許對健康更好。

A 這是當然的。不過工具的品質必須要夠好。一般食物處理機無法磨得太碎，不過近來有不少品質良好的家庭用製粉機，也可以利用這些工具在需要時直接磨來使用。在家自己磨好的粉與市售的粉水分含量會不太一樣，所以最後的成品口感與濕潤度也可能會有些微的差異。

Q 蔬食烘焙雖然美味，但口感就是差了一點。餅乾不夠脆，反而會太硬或是太濕軟，蛋糕也不鬆軟，而是硬梆梆或太軟爛。
該怎麼做才能改善口感？

A 蔬食餅乾之所以不夠脆的原因如下：①液態食材與油類食材沒有澈底混合、②攪拌食材的順序錯誤、③砂糖或油的份量不恰當等。
蔬食蛋糕口感的確比較硬，不過並不是每一種蛋糕都會很軟爛。大多數的蔬食蛋糕反而都很輕很蓬鬆。會造成蛋糕口感軟爛的主要原因有：①油的含量過高、②粉的調和比例錯誤、③粉類與液態食材的比例錯誤、④攪拌的力道不夠輕或是太重、⑤倒入模具中的麵糊份量太多，導致熱能無法順利傳至中心等等。請參考上述的原因並仔細遵守書中的食譜製作，應該能感覺到明顯的改善。

整理為本書提供許多意見的協力讀者所提出的問題，
以及作者的回答。

Q 一次烤一堆糕點，結果剩下很多都吃不完。
該怎麼樣才能讓糕點維持新鮮？

A 餅乾必須要脆才會好吃，所以一定要裝在密封容器裡保存。司康或磅
蛋糕也應該密封起來避免接觸到空氣，在室溫下可以放一至兩天，吃
之前稍微加熱一下，味道不會有太大變化。蛋糕類的糕點則建議冷藏，
如果是使用椰油的蛋糕冷藏後會變得比較硬，建議吃之前30分鐘先拿
出來在室溫下退冰。如果想放更久那就冷凍保存，要吃之前再解凍或
加熱，就能夠保證味道不變了。

Q 可以先把麵糊和麵團做起來，
冷藏或冷凍保存，等之後再拿
去烤嗎？
因為新鮮出爐的最好吃。

A 比起麵糊和麵團經過冷藏或冷
凍後再烤，我更建議先烤好再
冷藏或冷凍保存。原因在於泡
打粉。泡打粉的效果在使用12
小時後會達到最高點，接著效
果便開始減弱，過了24小時候
就幾乎沒有發泡的效果了。就我
個人經驗來看，放個一天還能
做出不錯的成品，不過之後做
出來的成品口感就會太硬，讓
人非常失望。糕點先烤好後冰
起來，要吃的時候先拿到室溫
下退冰，再用烤箱、氣炸鍋、烤
麵包機等工具加熱，就能吃到
類似剛出爐的口感了。

Q 我喜歡甜點但我正在瘦身，蔬食烘焙對瘦身有幫助嗎？
升糖指數或是熱量都更低嗎？

A 跟一般烘焙相比，蔬食烘焙的砂糖與油使用量都較少，在熱量的部分的
確是一大優勢。不過也不至於對減重帶來很大的幫助，所以我並不特別推
薦。比較遺憾的是減重時很多食物的攝取都會受到限制，蔬食甜點也是其
中之一。

Q 蔬食烘焙對異位性皮膚炎、過敏、糖尿病、高血脂、高膽固醇等需要
限制飲食的疾病也有幫助嗎？

A 蔬食烘焙使用全穀、有機農產品、植物性天然食材，會引起過敏的食材相
對來說較少。很多人對雞蛋與牛奶等乳製品過敏，但在開始吃蔬食甜點之
後症狀都消失了，他們都表示非常開心。不過糖尿病、高血脂、高膽固醇等
疾病並不是動物性食材或植物性食材的問題，而是糖分與中性脂肪、乳脂
攝取量的問題，即使改吃蔬食甜點也依然會是問題。吃太多本來就是不好
的事。

[本書食譜的優點]

- 使用黃金比例調和多種全穀粉，
  口味與質感都較以全麥為主的蔬食烘焙更多變。
- 大量添加日常生活中常吃的堅果、種子、水果、蔬菜等，
  使味道更豐富。即便不是素食主義者，也能吃得津津有味。
- 完全不使用動物性食材，對雞蛋或牛奶及乳製品過敏的人，可以放心享用。
- 目錄裡也做了No sugar、No gluten、No oil等標示，可依照個人的過敏狀況
  與喜好選擇合適的食譜。
- 將油的用量減到最低，可以輕鬆降低熱量。
- 步驟較為簡單，製作容易，且不使用奶油、鮮奶油等，後續清洗非常輕鬆。
- 不加乳製品與雞蛋，保存期限比一般的甜點要長。除了炎熱的夏天之外，
  部分糕點甚至能室溫保存。

[各食譜的注意要點]

- 所有材料都應該先計量，並將所有必要的工具都拿出來再開始。
- 粉類食材應該一起過篩，避免結塊且確保能混合均勻。
- 油應充分與液體類的食材混合乳化後再使用，才能避免麵糊油水分離。
- 攪拌麵糊時應使用打蛋器或矽膠刮刀，若太大力或攪拌太多次可能會使麵糊
  太過粗糙或太黏，建議只要輕輕攪拌至粉類食材都溶解就好。
- 為了連水果與蔬菜外皮的營養都一起攝取，很多食譜都是連皮一起使用，
  請用粗鹽或烘焙蘇打清洗乾淨後再使用。
- 蛋糕或磅蛋糕的麵糊較重，如果模具太大可能會使中間較不容易烤熟，
  請使用食譜建議的模具大小。
- 烤箱大部分都需要預熱。視烤箱的大小，建議在20至30分鐘前
  先把烤箱打開預熱。

Chapter 1

用全穀簡單製作
基礎蔬食烘焙與抹醬

現在就從用蔬食烘焙的基本食材製成的超簡單糕點開始介紹。

特色就是使用全麥麵粉與玄米粉，口味清淡卻香氣十足。

此外也將介紹適合搭配蔬食烘焙糕點的健康抹醬。

可依照個人喜好搭配使用。

這樣就能享受更豐富多變的全穀蔬食烘焙。

全麥餅乾

這是蔬食烘焙中最基本的餅乾。
用市面上很容易就能買到的全麥製作。
除了能當成酥脆的基本款餅乾之外，也能當塔皮使用，
只要熟悉這道食譜，能夠應用的糕點就更多了。
請務必嘗試看看這道酥脆到不可思議又香氣十足的餅乾。

10個 / 30分鐘（＋麵團凝固20分鐘）
室溫可保存2週

· 全麥麵粉 100g
· 杏仁粉 25g
· 泡打粉 2g
· 有機非精製砂糖 10g
· 鹽巴 1g
· 楓糖漿 45g
· 葡萄籽油 25g

[應用]
建議大家可以在完全冷卻的餅乾上抹
點果醬或是巧克力抹醬搭配。也可以
拿兩片餅乾夾冰淇淋或果醬做夾心餅
乾，或是搭配水果做成迷你水果塔。
果醬、抹醬、奶油的製作方式可參考
46至57頁。

1 _ 全麥麵粉、杏仁粉、泡打粉、砂糖、鹽巴等一起過篩。

2 _ 拿另一個小盆子倒入楓糖漿、葡萄籽油，用打蛋器攪拌至完全混合後，再倒入步驟①的盆中，用刮刀攪拌成麵團。

3 _ 用烤盤紙把麵團夾起來，用擀麵棍擀成0.5公分厚，接著連同烤盤紙一起放入冷凍室冰20分鐘等待凝固。
 * 蓋上烤盤紙再擀，麵團比較不會黏在擀麵棍或是桌面上，也較不會破損。
 *做完這個步驟後，請以160℃預熱烤箱。

4 _ 將麵團從冰箱拿出來，用直徑5cm的圓形模具（餅乾模具）或小塔模將麵團切開。切下來的麵團以一定的間隔距離放在烤盤上，然後用叉子戳2至3次。

5 _ 烤箱用160℃預熱10分鐘後，將溫度轉至150℃烤10分鐘。烤好後放到冷卻網上冷卻。

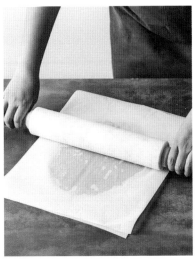
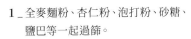

全麥司康 No oil

司康會隨著食材和製作方法的不同，而有截然不同的風味，
是對食材變化與手法相當敏銳的一種糕點。
所以我也真的很想跟大家分享，
在只用全麥麵粉，而且還不加任何一滴油的情況下，
竟然能夠做出這麼美味的司康。
一起來感受簡單帶來的最佳美味吧。

8個／40分鐘（＋休息時間1小時）
室溫可保存3天、冷藏7天、冷凍1個月

- 全麥麵粉 200g
- 有機非精製砂糖 55g
- 泡打粉 4g
- 鹽巴 2g
- 椰奶 150g

1 _ 用果汁機將椰奶打散。

　　* 椰奶含有許多脂肪容易結塊，必
　　須先用果汁機打散之後，才能夠讓
　　麵團更均衡。

2 _ 全麥麵粉、砂糖、泡打粉與鹽巴一
　　起過篩。接著椰奶一點一點倒入盆
　　中，再用刮刀攪拌成麵團。

---

3 _ 將步驟 ② 的麵團放在砧板或是烤
　　盤上，對切開來並將兩塊像照片一
　　樣疊在一起。然後用手把兩塊麵團
　　壓在一起，接著再切開來，重複剛
　　才的過程約10次。

4 _ 將麵團捏成約2cm厚的扁平狀後，
　　撒上一點全麥麵粉並用烤盤紙包起
　　來，放入冰箱裡冷藏1小時休息。
　　*從冷凍室裡將麵團拿出前30分鐘，
　　請先用200℃預熱烤箱。

5 _ 將麵團切成8等份，以一定間隔放在
　　烤盤上。將烤箱溫度調低至180℃
　　後，麵團放入烤箱烤20至25分鐘。
　　烤好後放在冷卻網上冷卻。
　　* 搭配46至57頁介紹的抹醬
　　一起吃會非常美味。

玄米馬芬 No sugar

馬芬是一種人氣甜點，也經常被拿來代替正餐。
我把這款馬芬做得非常清淡爽口，讓大人小孩都能輕鬆享用。
其中玄米粉的含量較高，口感會比麵粉做成的馬芬
更濕潤、有嚼勁。 放太久的話會變得有點硬，
建議用與烘烤時相同的溫度烤3至5分鐘，
這樣馬芬就會變得像剛出爐一樣美味了。

6個 / 40分鐘
室溫可保存3天、冷藏7天

· 玄米粉 190g
· 杏仁粉 38g
· 葛根粉 38g
· 泡打粉 8g
· 豆漿 160g
· 龍舌蘭糖漿 115g
· 葡萄籽油 76g (或融化的椰油)
· 檸檬汁 28g

[應用]

在步驟 ④ 麵糊分裝之後，可以加入
巧克力碎片、燕麥、碎堅果、果乾等
配料再拿去烤。沒有立刻吃掉的馬芬
可以蒸3至5分鐘，就能吃到類似饅頭
的口感了。

1 _ 玄米粉、杏仁粉、葛根粉、
泡打粉一起過篩。

2 _ 拿另外一個料理盆，倒入豆漿、龍
舌蘭糖漿、葡萄籽油、檸檬汁，以打
蛋器攪拌至完全混合。

3 _ 將篩好的粉類倒入步驟②的料理
盆中，以打蛋器攪拌至變成柔順的
麵糊。

　* 在這個步驟時，先將烤箱以
　　180℃預熱。

4 _ 在馬芬模具中塗一層薄薄的油，再
用冰淇淋挖杓將麵糊分裝成6等份，
約填滿模具的80%就好。接著將馬
芬模放到烤盤上。

5 _ 用180℃烤10分鐘，再轉為160℃烤
10至15分鐘，烤好後先不要脫模冷
卻一下，然後再脫模並放到冷卻網
上冷卻。

三色米磅蛋糕 食譜在第40頁

結合超香的全麥麵粉、蓬鬆的玄米粉、濕潤的杏仁粉,製成這款又軟又濕潤的磅蛋糕。
柔軟的口感完全不輸用一般麵粉做出來的成品,第一次接觸蔬食烘焙的人也能吃得津津有味。
好好享受這款使用玄米、紅米、黑米等多種米穀粉,做出多種不同美麗配色的磅蛋糕吧。

三色米磅蛋糕

5.5×10.5cm 磅蛋糕模1個 / 40分鐘
室溫可保存3天、冷藏7天

- 全麥麵粉 36g
- 玄米粉 22g (或黑米穀粉 22g，
  紅米穀粉 12g + 玄米粉 10g)
- 杏仁粉 8g
- 泡打粉 3g
- 鹽巴 2g
- 豆漿 60g
- 葡萄籽油 30g
- 有機非精製砂糖 40g
- 檸檬汁 8g

[認識食材]

玄米粉保留了玄米殼中的蛋白質與膳食纖維。黑米穀粉含有具抗氧化效果的花青素，紅米穀粉則有紅麴菌的紅色色素，所以才會各自有獨特的香味與口味。玄米粉與黑米穀粉能夠相互替代使用，紅米穀粉中有會發酵的紅麴菌，會產生發酵的味道，推薦跟玄米粉混合使用。

1 _ 全麥麵粉、玄米 (或黑米、紅米＋玄米) 粉、杏仁粉、泡打粉、鹽巴一起過篩。

2 _ 將豆漿、葡萄籽油倒入另一個料理盆中，用打蛋器攪拌至完全混合，接著加入砂糖攪拌至完全溶解。

3 _ 將檸檬汁倒入步驟②的盆中並攪拌均勻後，倒入已過篩的粉類食材，從中央開始攪拌。

＊完成這個步驟後烤箱先以
180℃預熱。

4 _ 將麵糊裝入擠花袋。

　* 可以像照片一樣，把擠花袋放在
　　一個較高的杯子裡，開口反摺固定，
　　再將麵糊倒進去。

5 _ 在磅蛋糕模具中塗上一層薄薄的油。

6 _ 從模具邊緣開始擠入麵糊，
　　避免有任何氣泡。

7 _ 將上層的麵糊整平。

8 _ 剩下兩種顏色的磅蛋糕麵糊也用
　　相同的方法製作。
　　完成後將磅蛋糕模放在烤盤上。

9 _ 放入以180℃預熱的烤箱中烤20分鐘，
　　接著溫度調低至160℃，烤10至15分鐘。
　　烤好後讓蛋糕在模具裡稍微冷卻一下，
　　接著再脫模放到冷卻網上。

　* 因為模具不大，所以烤1個跟同時
　　烤3個的溫度可以是相同的。

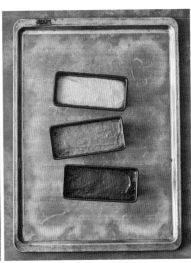

豆漿早餐麵包 食譜在第44頁

雖然不是軟到會在嘴裡融化的早餐麵包，不過這款豆漿早餐麵包，
卻擁有越咀嚼越香、越甜的風味。
混合全麥麵粉與玉米粉，讓味道更豐富。
現在在家裡也能輕鬆做出健康又簡單的蔬食麵包了。

豆漿早餐麵包

20個 / 2小時20分鐘
室溫可保存2天、冷凍1個月

- 全麥麵粉 600g
- 玉米粉 16g + 裝飾用玉米粉少許
- 乾酵母 8g
- 有機非精製砂糖 30g
- 鹽巴 10g
- 豆漿 430g + 裝飾用豆漿少許
- 橄欖油 44g

[替代工具]

1 _ 如果沒有電動攪拌機，可以將所有食
　　材 (裝飾用的份量除外) 裝入料理盆
　　中，搓揉10分鐘到變成光滑的麵團。
　　剩下的步驟再按照食譜來就好。

2 _ 如果沒有大收納盒，可以蓋上濕棉布
　　避免麵團乾掉，在室溫下放30至35
　　分鐘發酵。

1 _ 將全麥麵粉、玉米粉(16g)，
　　乾酵母、砂糖、鹽巴倒入攪拌盆
　　中拌勻。

　　* 手動攪拌法可參考上面的提示。

2 _ 倒入豆漿(430g)，並用電動攪拌機
　　以低速攪拌2至3分鐘。

3 _ 漸漸變成麵團之後就倒入橄欖油，
　　再調高至中速攪拌3至4分鐘，
　　讓麵團變得光滑。

44

4 _ 將麵團整理得光滑平整後裝在料理盆中，蓋上濕棉布等待50至60分鐘 (夏天40至50分鐘) 進行一次發酵，讓麵團膨脹成兩倍大。

　＊用手指壓麵團中央再放開，如果不會恢復原狀就表示發酵完成。

5 _ 將麵團分成20等份 (每個 55g) 後揉成圓形。

6 _ 在麵團表面塗抹豆漿後沾上玉米粉。

7 _ 保持一定間隔放在烤盤上，再放入收納盒裡30至35分鐘進行二次發酵。

　＊ 發酵完成20分鐘前，先將烤箱以170°C預熱。

8 _ 放入烤箱以170°C烤10至12分鐘，然後放到冷卻網上冷卻。

　＊ 搭配46至57頁介紹的抹醬一起吃更美味。

低糖香醋莓果醬 食譜在第48頁

為了那些雖然喜歡果醬,但卻覺得果醬太甜的人,
開發了這款低糖食譜。低糖果醬缺點是較不容易保存,
為了彌補這個缺點,所以我用了品質優良的醋。
這樣是能讓美味跟風味都更佳,
同時也能提升保存度的秘訣。
只用一種莓果也沒關係,
也可以使用桑葚跟覆盆莓等其他莓果類。

檸檬生薑卡士達醬 食譜在第50頁

卡士達醬(custard)是用牛奶、雞蛋等製
成的奶醬,不過這裡我用玉米澱粉代替動
物性食材,做成素食用卡士達醬。可以吃
到檸檬與生薑的原味,搭配司康、餅乾、
茶餅等糕點,就能讓蔬食甜點更加豐富。
自己榨檸檬汁則能夠讓成品更新鮮。

橙果醬 食譜在第49頁

利用柳丁、橘子、漢拏柑等橙果的果肉與果皮製成的果醬，
就稱為橙果醬（marmalade）。連皮一起洗乾淨拿來使用，
對健康、對環境都好。大部分橙果類的水果都可以拿來用，
不過檸檬、萊姆、葡萄柚則因為強烈的苦味而不太合適。

Low sugar

番茄羅勒糖煮水果 食譜在第51頁

糖煮水果（compote）
是用砂糖醃漬水果製成的法式果醬，
特色是可以保留果肉的口感。
因為使用了番茄，
所以吃起來既像蔬菜也像水果。
酸甜的滋味可以當成三明治
果醬搭配口味清淡的麵包，
搭配司康也是很棒的選擇。

低糖香醋莓果醬

250g / 30分鐘（＋醃漬1至2小時）
冷藏可保存3個月

- 草莓 150g
- 樹莓 100g
- 藍莓 150g
- 有機非精製砂糖 120g
- 紅義大利香醋 20g
- 檸檬汁 10g
- 薄荷少許（可省略）

1 _ 將除了薄荷以外的所有食材裝
入鍋中，輕輕攪拌後醃漬1至2小時。

2 _ 薄荷葉摘下來切碎。

3 _ 等步驟 ① 的莓果類出水且砂糖
融化後，就以中小火燉煮15至20分
鐘。中間必須不時攪拌，並把泡沫
撈起來。

4 _ 等大泡泡變少，攪拌時會出現小泡
泡時且呈黏稠狀時，就關火並放入
碎薄荷葉攪拌。

5 _ 將煮好的果醬裝入加熱消毒過的瓶子
後密封。
＊瓶子消毒參考第57頁。

橙果醬

200~250g / 30分鐘
可冷藏保存3個月

・柳丁1顆
・柳丁汁 200g
・有機非精製砂糖 100g

[應用]
柳丁汁可以直接買柳丁來自己榨，
或是選擇添加物較少的市售柳丁汁，
這樣做出來的果醬會更健康。
也可以混合柳丁、橘子、天惠香等
不同品種的澄果類。

1 _ 在鍋中倒入能完全浸泡柳丁的水，
水煮沸後再將柳丁放入燙10秒鐘
後撈出。重複2至3次。
* 柳丁燙太久會把果肉燙熟，這樣會
損失太多果汁，請多注意。

2 _ 將柳丁剝皮，如照片所示，橫著將
內層白色的部分切掉。

3 _ 將外皮切成細絲，
果肉則切碎。

4 _ 將步驟 ③ 的果肉、果皮與柳丁汁、
砂糖放入鍋中，用中火熬煮約15分
鐘，煮出果醬的黏稠感。

5 _ 將果醬裝入加熱消毒過後的瓶子密封。
* 瓶子的消毒方法請參考第57頁。

檸檬生薑卡士達醬

250g / 20分鐘
冷藏可保存1個月

- 檸檬汁 160g (檸檬4至5顆的份量)
- 生薑汁 40g (生薑50g的份量)
- 有機非精製砂糖 80g
- 玉米澱粉 14g
- 椰油 60g
- 香草豆莢1支
  (或香草香精1至2滴,可省略)

1 _ 生薑去皮後以刨絲板刨碎,接著裝在棉布裡把汁擠出來。檸檬則以榨汁機榨成汁。

2 _ 將檸檬汁、生薑汁與砂糖倒入鍋中,以中火熬煮5分鐘。

3_ 加入玉米澱粉,
快速用打蛋器拌勻後,
煮至微微沸騰即可關火。

4 _ 加入椰油、香草豆莢,
攪拌至沒有任何結塊。

5 _ 將煮好的成品倒入加熱消毒過的瓶子裡密封。
* 瓶子的消毒方法請參考第57頁。

番茄羅勒糖煮水果

250g / 40分鐘
冷藏可保存3個月

· 小番茄 200g
· 番茄泥 100g
· 羅勒葉6片
· 有機非精製砂糖 100g

[應用]
一開始就加羅勒葉香味會更濃郁，
最後再加則會散發強烈但新鮮的味道。
加羅勒的時間點可依照個人喜好選擇。

[認識食材]
番茄泥是將去籽與去皮後的番茄壓碎後
製成，通常用於需要濃郁番茄味的料理
中。可以在超市或網路購物商城買到。

1 _ 小番茄去蒂後翻過來再底部
用刀子劃十字。

2 _ 將小番茄泡在熱水中燙1分鐘，接著
浸泡在冷水裡將皮剝掉。

3 _ 將小番茄切成2至4等份，
羅勒葉切碎。

4 _ 將所有食材倒入湯鍋中，以中小火
燉煮10至20分鐘，直到小番茄變
軟爛為止。

5 _ 煮好後倒入加熱消毒過的瓶子中密封。
　　* 瓶子的消毒方法請參考第57頁。

黑巧克力抹醬　食譜在第54頁

這是結合酸甜葡萄乾與微苦黑巧克力的抹醬。
如果不想吃那麼甜，也可以減少龍舌蘭糖漿的份量。
可以當作司康、脆餅、餅乾、麵包的抹醬使用，
也可以溶入熱牛奶當中，做成一杯迷人的巧克力飲品。

黑芝麻麵茶粉抹醬　食譜在第55頁

這是用香噴噴的麵茶粉與黑芝麻製成的甜抹醬，
適合搭配口味清淡的脆餅或是麵包。
要是煮太久，加入麵茶粉和黑芝麻之後會變得太乾，
製作時請多注意。

低糖紅豆沙　食譜在第56頁

外面買的紅豆沙太甜，自己做又很麻煩對吧？
不過只要好好注意紅豆該煮到什麼程度、加糖的時間，
其實就沒有想像中那麼困難。
重點就在於紅豆煮到熟透之後，
再加入有機非精製砂糖。

黑巧克力抹醬

500g / 45分鐘
冷藏可保存3個月

· 黑巧克力 300g
· 葡萄乾 100g
· 有機非精製砂糖 60g
· 水 260g
· 龍舌蘭糖漿 30g

1 _ 將葡萄乾、砂糖、水倒入鍋中，泡30分鐘後開中小火煮5分鐘。

2 _ 煮好冷卻後，用手持攪拌器打碎。

3 _ 拿一個盆子裝熱水，再拿一個小容器黑巧克力與龍舌蘭糖漿，放在裝了熱水的盆子裡隔水加熱、攪拌。

4 _ 將步驟 ③ 融化的巧克力到入步驟 ② 的量杯中，再用手持攪拌器打在一起。

5 _ 做好後倒入用加熱消毒過的瓶子裡密封。
　　* 瓶子的消毒方法請參考第57頁。

黑芝麻麵茶粉抹醬

500g / 45分鐘
冷藏可保存3個月

· 黑芝麻 30g
· 麵茶粉 60g
· 有機非精製砂糖 260g
· 豆漿 500g
· 椰奶 400g

1 _ 用食物處理機將黑芝麻、麵茶粉
打在一起。

2 _ 將砂糖、豆漿、椰奶倒入鍋中,開小
火用刮刀邊攪拌邊煮20至30分鐘。
*請煮到湯汁收到剩下約一半左右。

3 _ 關火之後到倒入步驟 ① 的黑芝麻
麵茶粉,拌勻之後再用手持攪拌器
打得更均勻。

4 _ 倒入加熱消毒過的瓶子裡密封起來。
* 瓶子的消毒方法請參考第57頁。

低糖紅豆沙

500g×3瓶 /
2小時（＋浸泡紅豆12小時）
冷藏可保存1個月、冷凍3個月

· 紅豆 500g
· 有機非精製砂糖 250g
· 鹽巴 12g

[應用]
紅豆沙可冷凍保存，所以可以多做
一點放著，需要時再拿來用。
不僅能做成紅豆冰，也能搭原味
優格、燕麥或堅果，或是加豆漿後
打成蔬食紅豆拿鐵來喝。

1 _ 紅豆洗乾淨之後泡水12小時。
　　* 夏天時要冰在冰箱裡面
　　　才不會壞掉。

2 _ 把泡紅豆的水倒掉，在鍋中加入約
　　紅豆兩倍份量的水，然後用中火熬
　　煮。大約煮一個小時，直到紅豆煮爛
　　為止。
　　* 水要是不夠，可以邊煮邊一點
　　　一點加水。

3 _ 加糖和鹽巴，開小火邊煮邊攪拌40
　　至50分鐘，直到變得有點像果醬的
　　濃度。

4 _ 裝入加熱消毒過的瓶子裡密封起來。
　　* 瓶子的消毒方法請參考第57頁。

[消毒瓶子]

瓶子必須先消毒再使用，才能確保內容物長時間存放不腐壞。

請從以下方法當中選擇一個合適的，將容器消毒過後再拿來裝抹醬吧。

· 將瓶子放入滾水中，燙過之後完全晾乾再使用。
· 放入攝氏 200℃ 的烤箱中，殺菌5至10分鐘後再拿出來。
· 用清酒或消毒用酒精噴過後再擦乾使用。

Chapter 2

加堅果、種子與水果乾的
全穀蔬食烘焙

讓我們從基礎的蔬食烘焙往前更進一步吧。

全穀粉調配、加入其他不需要前處理的乾貨食材，

就能夠完成味道多變的全穀蔬食烘焙。

果乾與堅果不僅能增添口感，

也能夠使營養更加豐富。

可可碎豆、奇亞籽等超級食物，

也都是很適合全穀蔬食烘焙的食材。

麵茶餅乾

麵茶粉是由多種不同的全穀物與豆類磨成粉後製成的。味道很香，
也能同時攝取到多種穀物的營養，是蔬食烘焙當中經常使用的食材。
用草莓粉、白蓮草粉、石榴粉、黑芝麻粉代替艾草粉來包裹在餅乾外面，
就能吃到更多不同的滋味，餅乾的顏色也更多變。

20個 / 40分鐘
室溫可存放14天

· 全麥麵粉 66g
· 麵茶粉 26g
· 葛根粉 20g
· 泡打粉 4g
· 鹽巴1撮
· 葡萄籽油 40g
· 楓糖漿 46g
裝飾粉
· 麵茶粉 30g
· 艾草粉 10g
· 糖粉 20g

1 _ 全麥麵粉、麵茶粉、葛根粉、
　　泡打粉、鹽巴一起過篩。

2 _ 將葡萄籽油、楓糖漿到入碗中，
　　以打蛋器攪拌至完全混合。

　　* 完成這個步驟後，烤箱請以
　　　160℃預熱。

3 _ 將步驟 ① 到入步驟 ②，
　　以刮刀拌成麵團。

4 _ 將麵團分成22等份(每個約10g)
　　後搓成圓形。以一定的間隔距離
　　放在烤盤上，再用160℃烤10分鐘。

5 _ 裝飾用的三種粉過篩後倒在托盤上
　　拌勻。接著把烤好的餅乾放上去，
　　滾動餅乾以均勻裹上裝飾粉。

　　* 餅乾冷卻後粉就不容易沾黏上去，
　　　如果希望粉裹厚一點，那請趁餅乾
　　　還熱的時候裹粉再冷卻。

可可粒杏仁餅乾 食譜在第64頁

可可粒含豐富的抗氧化成分,對健康很有幫助,
但卻不容易有效攝取這些成分。由於可可粒本身帶點苦味,
讓一般人比較不容易接受,所以我才為了女兒開發這款餅乾。
建議可以在孩子們喜歡的餅乾裡加點可可粒,
會發現風味更佳,味道也更香了。

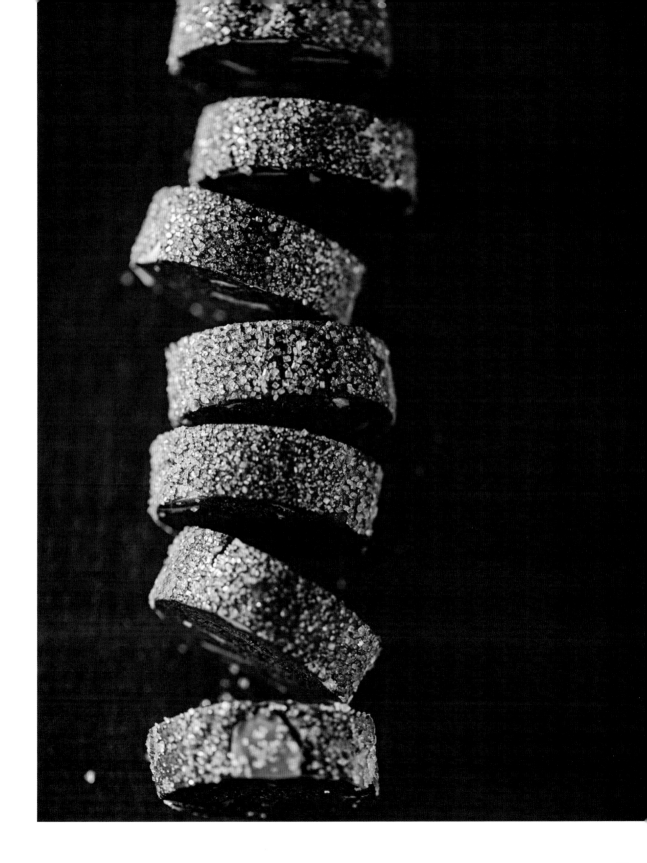

chapter 2　加堅果、種子與水果乾的全穀蔬食烘焙　63

可可粒杏仁餅乾

22～24個 / 45分鐘（+麵團凝固的時間）
室溫可存放14天

· 全麥麵粉 96g
· 杏仁粉 24g
· 葛根粉 12g
· 無糖可可粉 12g
· 泡打粉 3g
· 有機非精製砂糖 25g +裝飾用少許
· 龍舌蘭糖漿 25g
· 楓糖漿 40g
· 葡萄籽油 45g
· 可可粒 8g
· 杏仁片 25g

[塑形]
在同時使用廚房紙巾或烘焙用紙塑
形好的麵團外層，包上一層烤盤紙
幫助麵團固定，這樣就能做出形狀
更漂亮的餅乾。

1 _ 全麥麵粉、杏仁粉、葛根粉、可可粉
、泡打粉、砂糖（25g）一起過篩到
大料理盆中。

2 _ 拿一個較小的容器，倒入龍舌蘭糖
漿、楓糖漿與葡萄籽油，並以打蛋
器攪拌至完全混合。

3 _ 將步驟 ② 到入步驟 ① 的料理盆中，
並以刮刀拌勻。

4_加入可可粒、杏仁片,與麵團
拌在一起。

5_將成塊的麵團揉成24cm的長條狀,
再用烘焙紙包起來。
放入冷凍室冰20分鐘。
＊麵團從冷凍室裡拿出來之前,
烤箱以180℃預熱。

6_將砂糖倒入托盤,再把麵團放上去
滾動,讓表面均勻裹上砂糖。

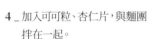

7_接著再用烤盤紙將麵團包起來切開,
每片厚度1cm。＊麵團用烤盤紙包
起來再切可以避免砂糖掉落。選擇
鋸齒刀切起來也會比較順手。

8_麵團以一定的間隔放在烤盤上。

9_用180℃烤5分鐘,然後將溫度調低
至150℃再烤10分鐘。
烤好後放到冷卻網上冷卻。

15個 / 40分（+麵團凝固20分鐘）
室溫 可存放10天

- 燕麥粉 120g
- 向日葵籽 40g
- 亞麻籽粉 20g
- 奇亞籽 10g
- 黑芝麻 20g
- 芝麻 10g
- 南瓜籽 10g
- 鹽巴 2g +少許
- 水 60g
- 葡萄籽油 40g

燕麥種子薄脆餅乾 No sugar / No gluten

這是一款清淡微鹹同時又帶著香氣的餅乾。適合當作點心，
也可以當成代替正餐的脆餅。推薦搭配各種不同的種子嘗試看看。
製作方法簡單營養價值又高，是我非常推薦的食譜。

1 _ 將燕麥粉、向日葵籽、亞麻籽粉、奇亞籽、黑芝麻、芝麻、南瓜籽、鹽巴(2克) 裝入大料理盆中用刮刀拌匀。

2 _ 再拿一個容器,裝水並倒入葡萄籽油,用打蛋器攪拌至完全混合。接著倒入步驟①的料理盆中,用刮刀拌成麵團。

3 _ 用兩張烤盤紙把麵團夾起來,將麵團擀成0.2至0.3cm薄,然後直接連烤盤紙一起放進冷凍室裡冷凍20分鐘。

*麵團從冷凍室裡拿出來之前,烤箱以180℃預熱。

4 _ 麵團從冷凍室拿出來,用直徑5cm的圓形餅乾模具將麵團切下。

* 也可以用5×5cm的四方形模具。

5 _ 依照一定間隔將麵團放在烤盤上,然後撒上一點鹽巴。

* 因為麵團很軟,所以移動到烤盤上時很可能會變形,建議用鏟子或是刮刀來協助搬運。

6 _ 用180℃烤10至15分鐘。烤好後放到冷卻網上冷卻。

藍莓椰子司康 食譜在第70頁

加入大量的冷凍藍莓與乾藍莓,讓司康帶著微微的莓果香。
這裡使用低溫固態椰油代替奶油,做出酥脆的司康麵團。
椰油與椰奶都有獨特的甜味,能夠減少糖的用量,讓糕點更健康。
可以搭配第一章介紹的各種抹醬一起享用。

藍莓椰子司康

8個 / 45分鐘 (+休息時間30～40分)
室溫下可存放3天，冷藏7天，冷凍1個月

· 全麥麵粉 160g
· 泡打粉 5g
· 有機非精製砂糖 50g
· 低溫固態椰油 30g
· 藍梅乾 30g
· 椰絲20g + 裝飾用少許
· 椰奶 120g
· 冷凍藍莓 80g

[認識食材]

椰油是壓榨椰子果肉製成的油。
跟其他植物油不同，特徵是飽和脂肪酸
含量較高，在攝氏24℃以下會凝固。

椰奶是油椰子肉榨取而來，甜且有椰子
獨特的香味。脂肪含量高，可能會結塊，
故使用前應均勻攪拌。

椰絲是將椰子果肉切碎後曬乾製成。
可用於餅乾、蛋糕、巧克力的裝飾。
所有製品都可在線上購物商城或
大型超市的烘焙專區購買。

1 _ 全麥麵粉、泡打粉、砂糖一起過篩到
大料理盆中。

2 _ 放入低溫固態的椰子油，用刮板切攪
至呈現酥鬆狀。

* 椰油在常溫下是液體，故一定要先
放入冷藏室裡凝固後再拿來用。

3 _ 加入藍莓乾、椰絲 (20g) 拌勻。

4 _ 加入椰奶攪拌，接著加入冷凍藍莓後
再攪拌一次，將麵團拌成一塊。

5 _ 把麵團放在砧板上,對切開來後像
　　照片一樣疊起來。接著用手把麵團
　　壓在一起,再重新切開、堆疊,這個
　　過程約重複10次。

6 _ 將麵團壓成2cm厚的扁平狀,接著放
　　到烤盤紙上並灑一點椰絲。然後放入
　　冷藏室裡冰30至40分鐘讓麵團休息。
　　* 從冷藏室拿出來前20分鐘,
　　　將烤箱以200℃預熱

7 _ 將麵團切成8等份,以一定的間隔
　　放在烤盤上。

8 _ 用180℃烤5分鐘,接著再調至160℃
　　烤10至12分鐘,最後放到冷卻網上
　　冷卻。

黑芝麻松子瑪德蓮 食譜在第74頁

我開發出加入松子與黑芝麻，瀰漫的高質感香味的瑪德蓮。
蔬食瑪德蓮不會有特殊的凸肚臍，雖然可惜但還是可以搭配
其他裝飾。加點香甜的奶酥，會讓瑪德蓮變得更可口。

黑芝麻松子瑪德蓮

16個 / 30分鐘
室溫可存放5天

- 全麥麵粉 70g
- 玄米粉 40g
- 泡打粉 6g
- 鹽巴1撮
- 黑芝麻 16g
- 松子 10g
- 豆漿 120g
- 葡萄籽油 60g
- 楓糖漿 30g
- 有機非精製砂糖 80g
- 檸檬汁 8g

核桃奶酥
- 碎核桃 80g
- 玄米粉 60g
- 有機非精製砂糖 40g
- 葡萄籽油 40g

[認識用語]
奶酥 (crumble)是用手攪拌麵粉、
奶油、砂糖，直到變成類似麵包粉的
蓬鬆質感。搭配水果、磅蛋糕、馬芬
等糕點一起烤，可以使成品的味道更
豐富。
在不使用奶油的蔬食烘焙當中，會使用
葡萄籽油或椰油等植物油代替，通常用
於裝飾或增添風味。

1 _ 全麥麵粉、玄米粉、泡打粉、鹽巴
一起過篩。

2 _ 用食物處理機把黑芝麻打碎。
　　＊打太久會把芝麻打成油狀或膏狀，
　　建議打成粉狀就好。

3 _ 將松子放在廚房紙巾上，再蓋上另外
一張廚房紙巾，用擀麵棍擀平後再用
刀子切碎。

4 _ 拿另外一個料理盆，倒入豆漿、葡萄籽油
與楓糖漿，用打蛋器攪拌至完全混合，接
著加入砂糖、檸檬汁，攪拌至完全溶解。
　　＊完成這個步驟後，烤箱以175℃預熱。

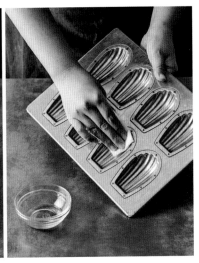

5 _ 把篩好的粉類倒入步驟 ④ 的料理盆中，從中央開始攪拌，攪拌完成後將麵糊裝進擠花袋中。

＊將擠花袋放入較高的杯子中，開口反摺固定後可以更容易倒入麵糊（參考第78頁的步驟④）。

6 _ 拿另一個料理盆，將所有核桃奶酥食材倒入盆中，橡膠刮刀立著，用切攪的方式將所有材料拌在一起。

＊剩下的奶酥使用方式可參考第88頁。

7 _ 在瑪德蓮模具上抹一層薄薄的油。

＊像照片這種鐵模一定要抹油。如果是使用步驟 ⑧ 那種已經上過塗料的模具，那就可以不必抹油，不過抹了油可以讓瑪德蓮外皮更加酥脆，而且也更容易脫模。如果是矽膠模的話就不需要抹油了。

8 _ 在模具中擠入瑪德蓮麵糊，約擠至 80%滿。

9 _ 均勻地放上核桃奶酥。

10 _ 用175℃烤20分鐘。烤好後脫模放到冷卻網上冷卻。

伯爵麵茶甜甜圈 食譜在第78頁

看到甜甜圈，就會經常想起小時候媽媽做給我們吃的甜甜圈。
這次讓我們試著在甜甜圈裡加入麵茶粉跟伯爵茶，為甜甜圈增添隱約的香氣吧。不經油炸吃起來更清爽。
甜甜圈的大小會依模具而改變，推薦大家依照自己的喜好，烤出不同尺寸的甜甜圈。

伯爵麵茶甜甜圈

迷你甜甜圈約15個 / 35分
室溫可存放5天

· 玄米粉 30g
· 全麥麵粉 50g
· 麵茶粉 20g
· 泡打粉 5g
· 伯爵紅茶粉 2g
· 豆漿 140g
· 葡萄籽油 55g
· 有機非精製砂糖 55g
· 檸檬汁 15g
· 矢車菊花花瓣少許 (可省略)
· 乾草莓少許 (可省略)

伯爵巧克力淋醬
· 豆漿 60g
· 伯爵茶包 2g
· 黑巧克力60g (或蔬食白巧克力，
  參考第25頁)

[認識用語]

巧克力淋醬 (ganache) 是在融化的
巧克力中加入鮮奶油製成的醬，
通常是當糖霜使用。
使用豆漿代替鮮奶油，就能做出
綿密香濃的巧克力淋醬了。

1 _ 玄米粉、全麥麵粉、麵茶粉、泡打粉、
伯爵紅茶粉一起過篩。

2 _ 拿另外一個料理盆，倒入豆漿、葡
萄籽油並加入砂糖，用打蛋器將所
有食材完全拌在一起。接著加入檸
檬汁再拌一次。

3 _ 將篩好的粉類食材倒入步驟 ② 的
料理盆中，拌成滑順的麵糊。

4 _ 將麵糊裝入擠花袋中。

　＊將擠花袋放入較高的杯子中，開口
　　反摺固定後可以更容易倒入麵糊
　　(參考第78頁的步驟④)。

　＊完成這個步驟後，烤箱以 180℃ 預熱。

5 _ 在甜甜圈模具中塗上一層薄薄的油。　6 _ 將麵糊擠入理想尺寸的模具中。　7 _ 用180℃烤5分鐘後，調至160℃再烤 10分鐘。烤好後放到冷卻網上冷卻。

8 _ 將伯爵巧克力淋醬用的豆漿、伯爵 茶包放入湯鍋中，用中小火煮2至3 分鐘，加熱至攝氏70℃。　9 _ 將步驟 ⑧ 煮好的豆漿伯爵茶過篩， 分裝40g出來放入準備好的巧克力， 用刮刀攪拌至巧克力融化。　10 _ 將伯爵巧克力淋醬塗抹在已經冷卻 的甜甜圈上，在淋醬凝固之前撒上矢 車菊花瓣、乾草莓做裝飾。

夏威夷豆玄米布朗尼 食譜在第82頁

甜蜜甜點的代表，布朗尼。這款蔬食布朗尼，不僅有不輸一般布朗尼的濃郁
巧克力香與鬆軟口感，更兼具了健康。
混合兩種麵糊讓造型更豐富多變，加了大量的夏威夷豆，也增加了咀嚼的樂趣。

夏威夷豆玄米布朗尼

20×20cm 四方模 / 35分鐘
室溫可存放5天，冷藏10天

- 玄米粉 80g
- 全麥麵粉 10g
- 麵茶粉 25g (或炒過的黃豆粉)
- 葛根粉 20g
- 有機非精製砂糖 70g
- 豆漿 120g
- 葡萄籽油 80g
- 楓糖漿 55g
- 黑巧克力 100g
- 無糖可可粉 20g
- 夏威夷豆 40g (或巴西堅果)

1 _ 玄米粉、全麥麵粉、麵茶粉、葛根粉、砂糖一起過篩。

2 _ 拿另一個大料理盆，倒入豆漿、葡萄籽油、楓糖漿，以打蛋器攪拌至完全混合。

3 _ 再拿一個大料理盆裝熱水，並將裝著黑巧克力的小碗放入大盆中隔水加熱，攪拌至溶化。
＊完成這個步驟後，烤箱以180℃預熱。

4 _ 將篩過的粉類倒入步驟 ② 的盆中，用刮刀拌勻。

5 _ 將融化的黑巧克力倒入盆中並拌勻。

6 _ 將1/2的麵糊倒入另一個料理盆中，加入可可粉後再攪拌一次。

7 _ 配合烤模的形狀，烤盤紙或烘焙紙裁切過後放入模具中。

8 _ 將兩種麵團交替倒入模具中，倒完後稍微敲一下模具底部，讓麵糊更紮實平整。

9 _ 放上夏威夷豆。

　 * 麵糊烤熟後夏威夷豆可能無法固定，請用手用力按壓，像是要把夏威夷豆嵌入麵糊裡一樣鋪在麵糊上。

10 _ 用180℃烤20分鐘，接著再調降至160℃烤10分鐘。烤好後先放在模具中稍微冷卻一下，然後再脫模後放到冷卻網上冷卻。

核桃奶酥黑麥磅蛋糕 食譜在第86頁

核桃有著獨特的香味，是很看個人喜好的食材，所以我搭配其他全穀粉一起使用，
做成這款口感十分有趣的磅蛋糕。搭配咖啡或一杯茶，就會是完美的甜點了。

No gluten

燕麥咖啡拿鐵磅蛋糕 食譜在第88頁

這款磅蛋糕是因為我自己很想吃所以才做出來的甜點。

不是用即溶咖啡粉,而是直接拿豆子磨碎加入麵糊當中,就能讓咖啡香更加濃郁。

咖啡奶酥不僅能用於磅蛋糕,更可以跟堅果類一起搭配優格,

或是撒在卡布奇諾上面一起享用。

核桃奶酥
黑麥磅蛋糕

23×5cm 磅蛋糕模 / 60分鐘
室溫可存放3天、冷藏7天

- 全麥麵粉 55g
- 黑麥麵粉 21g
- 玄米粉 38g
- 杏仁粉 17g
- 泡打粉 3g
- 鹽巴1撮
- 豆漿 102g
- 葡萄籽油 34g
- 楓糖漿 76g
- 有機非精製砂糖 42g
- 檸檬汁 13g
- 檸檬皮 4g
- 藍莓乾 20g + 裝飾用少許

核桃奶酥

- 碎核桃 40g
- 黑麥麵粉 25g
- 有機非精製砂糖 20g
- 葡萄籽油 15g

[認識食材]
檸檬皮是切碎的檸檬皮，通常用於希望
增添更多檸檬香。檸檬皮要用粗鹽或是
小蘇打粉洗乾淨，再用刮皮刀（zester）
或用刀子把皮刮成薄片後切碎使用。

1 _ 全麥麵粉、黑麥麵粉、玄米粉、杏仁粉、泡打粉、鹽巴一起過篩。

2 _ 拿另一個料理盆，倒入豆漿、葡萄籽油、楓糖漿，用打蛋器攪拌至完全混合。接著加入砂糖，攪拌至完全溶解。

3 _ 在步驟 ② 的料理盆中倒入檸檬汁、檸檬皮後拌勻。

4 _ 將篩過的粉類分三次加入步驟 ③ 的料理盆中，並用刮刀拌勻。

＊完成這個步驟之後，烤箱以180℃預熱。

5 _ 加入藍莓乾並輕輕地再攪拌一次。
接著將麵糊裝入擠花袋中。
　＊將擠花袋放入較高的杯子中，
　開口反摺固定後可以更容易
　倒入麵糊（參考第78頁的步驟④）。

6 _ 將核桃奶酥的食材倒入另一個料理
盆中，刮刀豎著以切拌的方式將食
材拌在一起。

7 _ 將烘焙紙裁切成磅蛋糕模具的形狀，
然後放入模具中。

8 _ 從角落開始將麵糊擠入模具中，仔細
地將麵糊填滿，不要留下任何空氣。
最後再敲一敲模具的底部，將空氣
排出。

9 _ 在麵糊上面放上裝飾用的乾藍莓，
並撒上核桃奶酥。
　＊剩下的奶酥使用方法可參考第88頁。

10 _ 放入180℃的烤箱中烤20分鐘，然後
將溫度調整為160℃，再烤10至20分
鐘。烤好後先放在模具裡冷卻一下，
接著再脫模放到冷卻網上冷卻。
　＊拿竹籤或是牙籤戳下去，不會沾到
　麵糊就表示烤熟了。

燕麥咖啡
拿鐵磅蛋糕

22×5cm 磅蛋糕模 / 40分鐘
室溫可存放3天、冷藏7天

- 燕麥粉 25g
- 玄米粉 80g
- 葛根粉 10g
- 原豆咖啡粉 5g
- 泡打粉 3g
- 鹽巴 1g
- 豆漿 120g
- 葡萄籽油 60g
- 有機非精製砂糖 70g

- 龍舌蘭糖漿 30g
- 檸檬汁 8g
- 燕麥片 20g

咖啡奶酥
- 碎核桃 40g
- 玄米粉 30g
- 有機非精製砂糖 20g
- 原豆咖啡粉 1g
- 葡萄籽油 15g

[奶酥活用方法]

1 _ 優格：在原味優格裡
　　加入水果與奶酥一起吃。

2 _ 焗烤水果：水果裝在焗烤容器裡，
　　鋪上奶酥後用 180℃烤20分鐘。

3 _ 奶酥司康：做好基本的全麥司康麵團後，
　　放上奶酥一起放入烤箱烤。

4 _ 奶酥卡布奇諾：做好卡布奇諾之後，
　　把奶酥撒在上面搭配喝。

---

1 _ 將燕麥粉、玄米粉、葛根粉、
　　原豆咖啡粉、泡打粉、鹽巴
　　一起過篩。

2 _ 拿另一個料理盆，倒入豆漿、葡萄
　　籽油、砂糖，用打蛋器攪拌至完全
　　混合。

3 _ 在步驟 ② 的料理盆中加入龍舌蘭
　　糖漿、檸檬汁後拌勻。
　　＊ 完成這個步驟之後，烤箱以180℃
　　預熱。

  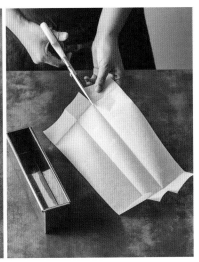

4 _ 將篩好的粉倒入步驟 ③ 的盆中，從中心開始攪拌。接著加入燕麥片，然後再攪拌一次。拌好後將麵糊裝入擠花袋中。＊將擠花袋放入較高的杯子中，開口反摺固定後可以更容易倒入麵糊（參考第78頁的步驟 ④）。

5 _ 拿另一個料理盆，倒入所有奶酥食材，刮刀豎著以切拌的方式將食材拌在一起。

6 _ 將烘焙紙裁切成磅蛋糕模具的形狀，然後放入模具中。

7 _ 從角落開始將麵糊擠入模具中，仔細地將麵糊填滿，不要留下任何空氣。最後再敲一敲模具的底部，將空氣排出。

8 _ 在麵糊上面放上裝飾用的乾藍莓，並撒上咖啡奶酥。

9 _ 放入180℃的烤箱中烤20分鐘，烤好後先放在模具裡冷卻一下，接著再脫模放到冷卻網上冷卻。
＊拿竹籤或是牙籤戳下去，不會沾到麵糊就表示烤熟了。

 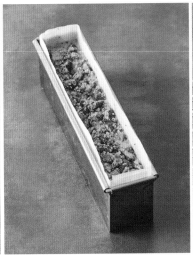 

Chapter 3
搭配新鮮蔬果的
全穀蔬食烘焙

讓我們從第二章用全穀粉與蔬果乾製成的全穀蔬食烘焙糕點更進一步，
兼顧新鮮蔬菜、水果的美味、香味與營養，挑戰最高等級的全穀蔬食烘焙吧。
加了花椰菜的圓脆餅、加了山藥的花生餅乾、加了紫蘇葉或韭菜的薄脆餅等等，
將許多在料理中會用到的蔬菜，放入蔬食烘焙的食譜中。
重點在於能連皮吃的食材就直接連皮一起使用，
這樣才能夠攝取到更豐富的營養。

20~25個 / 35分鐘（+麵團凝固20分鐘）
室溫可存放3天

- 花椰菜 20g
- 全麥麵粉 70g
- 玉米粉 25g
- 杏仁粉 25g
- 葛根粉 10g
- 泡打粉 3g
- 鹽巴 1g
- 龍舌蘭糖漿 50g
- 橄欖油 35g
- 檸檬皮 2g

花椰菜圓脆餅 No sugar

圓脆餅（sable）是一款口感酥脆的美味法式餅乾，我們也可以在外頭裹上砂糖，讓口感更加酥脆。花椰菜圓脆餅裡加入了切碎的花椰菜末，雖然不是非常酥脆，但只要盡量切薄一點，烤出來就會有酥脆的感覺。很適合搭配檸檬生薑卡士達（50頁），推薦搭配享用。

1 _ 用刨絲板將花椰菜磨碎或直接切碎。全麥麵粉、玉米粉、杏仁粉、葛根粉、泡打粉、鹽巴一起過篩，再裝進大料理盆中。

2 _ 拿一個小容器裝龍舌蘭糖漿、橄欖油，並用打蛋器攪拌至完全混合。

3 _ 步驟 ② 的糖漿倒入裝著篩過的粉與花椰菜的料理盆中，用刮刀拌勻。接著加入檸檬皮，攪拌至變成一整塊麵團。

　* 檸檬皮的做法參考第86頁。

4 _ 將麵團揉成直徑4cm的圓柱狀，用防油紙包起來，放入冷凍室裡冰20分鐘。

　* 一把麵團放入冷凍室後，烤箱就以160℃預熱。

5 _ 將麵團切成0.7cm厚，以一定的間隔放在烤盤上。

6 _ 放入160℃的烤箱烤15分鐘，烤好後放在冷卻網上冷卻。

約20個 / 50分鐘
室溫可存放7天

- 花生磨粉用 40g
  + 切碎用 60g
- 山藥（削皮後）140g
- 花生醬 80g
- 葡萄籽油 70g
- 楓糖漿 80g
- 有機非精製砂糖 40g
- 玄米粉 200g
- 肉桂粉 2g
- 泡打粉 6g
- 鹽巴少許（可省略）

美味花生餅乾 No gluten

大家都知道，山藥中黏稠的黏蛋白（mucin）成分對腸道有益。不過山藥雖然是健康食材，
卻很少有人知道該如何廣泛地運用在料理當中。蔬食烘焙裡通常會將山藥用來當作雞蛋的
替代品，而我將山藥跟花生醬打在一起，也增添了花生醬的香味。

1 _ 將花生(40g)用食物處理機磨成粉後倒出來。接著將削皮的山藥、花生醬放入食物處理機中打在一起,打好後再倒入料理盆中。

* 山藥可能會導致皮膚搔癢,處理的時候請務必戴上手套。

2 _ 將葡萄籽油、楓糖漿倒入小碗中,用打蛋器攪拌至完全混合。接著倒入步驟 ① 的料理盆中,用刮刀拌勻。最後加入砂糖再攪拌一次。

* 完成這個步驟後,烤箱以160℃預熱。

3 _ 玄米粉、步驟 ① 的花生粉、肉桂粉、泡打粉一起過篩,倒入步驟 ② 的料理盆中用刮刀拌勻。

4 _ 用刀子把花生 (60g) 切碎,加入麵團中拌在一起。

5 _ 用冰淇淋杓將麵團一球一球挖出來放在烤盤上,然後壓成扁平狀。接著用叉子或可麗露模具壓出花紋,最後再麵團上撒一點鹽巴。

6 _ 放入160℃的烤箱中烤20分鐘,烤好後放到冷卻網上冷卻。

紫蘇葉薄脆餅乾 *No sugar*

香噴噴的紫蘇和紫蘇油裡，含有多種豐富的抗氧化成分。這款紫蘇葉餅乾的特色，就是以低溫短時間烘烤而成，避免紫蘇產生氧化作用。雖然是低溫烘烤，不過仍然又香又美味，是非常特別的薄脆餅。

48個 / 45分鐘
室溫可存放5天

· 紫蘇葉 20g
· 全麥麵粉 170g
· 燕麥粉 50g
· 鹽巴 2g
· 紫蘇籽 18g
· 葡萄籽油 90g
· 紫蘇油 10g
· 龍舌蘭糖漿 90g

1_將紫蘇葉切碎。接著將全麥麵粉、燕麥粉、鹽巴一起過篩，並裝入大料理盆中。加入紫蘇籽後用刮刀拌勻。

2_拿小碗裝葡萄籽油、麻油、龍舌蘭糖漿，用打蛋器攪拌至完全混合。

3_在步驟 ① 的料理盆中倒入步驟 ② 的油，用刮刀拌勻後再加入紫蘇葉拌成麵團。

4_用烘焙紙將麵團夾起來，用擀麵棍擀成 40×30cm 大小、0.4cm 厚。
＊鋪上烘焙紙再用擀麵棍，麵團比較不會黏在擀麵棍或桌面上，也比較不會損失麵團。
＊完成這個步驟後，烤箱用 150℃ 預熱。

5_用叉子在麵團上戳洞，再將麵團切成 5×5cm 的正方形，並以一定間隔放到烤盤上。
＊麵團可能會黏在桌面上，建議移動時可以用刮板或刮刀墊在下面輔助。

6_用150℃烤10至15分鐘，烤好後放到冷卻網上冷卻。

No sugar
味噌韭菜薄脆餅乾

小時候真的超愛蔬菜薄脆餅，所以我做了這款類似的餅乾。雖然加了大量的蔬菜，不過真的很美味喔。韭菜獨特的辣味烤過之後就會消失，很適合跟小朋友一起享用。也可以用韓式大醬代替日式味噌，這樣餅乾的味道更濃郁。

48個 / 50分鐘（+休息時間30分鐘）
室溫可存放5天

· 韭菜 25g
· 玄米粉 75g
· 全麥麵粉 50g
· 杏仁粉 10g
· 蒜頭粉 1g
· 鹽巴 1g
· 胡椒粉 1/2小匙
· 日式味噌 10g
· 低溫固態椰油 50g
· 豆漿 35g

1 _ 將韭菜切成末。
　　玄米粉、全麥麵粉、杏仁粉、蒜頭
　　粉、鹽巴、胡椒粉一起過篩裝入大
　　料理盆中。

2 _ 在步驟 ① 的料理盆中加入日式味
　　噌、低溫固態椰油，接著拿刮板用
　　切拌的方式拌至酥鬆的狀態。

3 _ 加入豆漿、韭菜末後拌成麵團。

4 _ 將麵團放在烘焙紙上，擀成
　　24×22cm 大小，0.3cm厚。
　　接著放入冰箱冷凍室休息30分鐘。
　　* 擀麵團之前可以先將烘焙紙折成
　　想要的麵團大小，擀起來會更輕鬆。
　　* 麵團從冷凍室拿出來之前，烤箱用
　　150℃預熱。

5 _ 將麵團切成5.5×2cm的長方形。
　　以一定間隔放在烤盤上，並用叉子
　　戳2至3遍。

6 _ 用150℃烤15至20分鐘，烤好後放在
　　冷卻網上冷卻。

橄欖芝麻義式脆餅 食譜在第102頁

麵團中加了大量杏仁粉，讓烤出來的餅乾又香又軟，
不過這款脆餅咬起來還是有咔啦咔啦的口感。
碎橄欖跟黑芝麻也使風味更上一層樓。
搭配義大利香醋或蘿勒青醬，吃起來感覺更豐盛。

橄欖芝麻義式脆餅

10~12個 / 70分鐘
室溫可存放7天

· 黑橄欖 100g
· 全麥麵粉 100g
· 杏仁粉 100g
· 泡打粉 4g
· 鹽巴 3g
· 豆漿 60g
· 橄欖油 60g
· 有機非精製砂糖 20g
· 芝麻粒 20g

1 _ 用食物處理機把黑橄欖打碎。

2 _ 全麥麵粉、杏仁粉、泡打粉、鹽巴
一起過篩。

* 完成這個步驟後,烤箱以160℃
預熱。

3 _ 拿另一個料理盆,倒入豆漿、
橄欖油、砂糖,用打蛋器攪拌至
完全混合。

4 _ 將篩好的粉倒入步驟 ③ 的盆中,
並用刮刀拌勻。

5_加入芝麻粒、碎黑橄欖並拌成麵團。

6 _ 將麵團放在烤盤上，
捏成20cm長的橢圓形。

7 _ 用160°C烤20分鐘。

8 _ 放涼之後切片成1.5～2cm寬。
  * 烤過的麵團容易碎裂，建議刀子
    前後移動，用鋸的把麵團鋸開。

9 _ 以一定的間隔放在烤盤上。

10 _ 用160°C再烤20分鐘，烤好後放在
   冷卻網上冷卻。

8個 / 40分鐘（＋休息20分鐘）

室溫可存放3天，冷藏7天

- 洋蔥 65g(約 1/3個)
- 全麥麵粉 145g
- 泡打粉 4g
- 有機非精製砂糖 40g
- 蒜頭粉 1g
- 鹽巴 3g
- 胡椒粉 1g
- 低溫固態椰油 24g
- 豆漿 75g
- 檸檬汁 15g
- 杏仁片 25g

洋蔥全麥司康

加入洋蔥、蒜頭、鹽巴與胡椒粉，做成又鹹又有飽足感的鹹（savory）司康。

一般的鹹司康都會加培根、起司等食材，不過即使不加動物性食材，也可以做出這麼優秀的代餐司康。從這點來看，這款司康算是打破了這個刻板印象呢。加入10g的羅勒、鼠尾草和各種香草，就可以讓做出來的司康聞起來更香。

1 _ 全麥麵粉、泡打粉、砂糖、蒜頭粉、鹽巴、胡椒粉一起過篩,並裝入大料理盆中。
洋蔥切碎後放在廚房紙巾上吸水。

2 _ 將低溫固態椰油放入裝著粉的料理盆中,用刮板切拌至粉變得酥鬆。

3 _ 將豆漿、檸檬汁倒入小碗中,攪拌後倒入步驟 ② 的盆中。接著再加入碎洋蔥、杏仁片拌成麵團。

---

4 _ 將麵團對半切開,兩塊疊在一起後再揉成一塊,重複這個程序約10次(參考71頁的步驟 ⑤)。完成後放在烘焙紙上,並在麵團外撒上一些全麥麵粉,接著放入冰箱冷藏休息20分鐘。＊麵團一放入冷藏,烤箱就以 200℃預熱。

5 _ 將麵團切成8等份,放在烤盤上後撒上剩餘的全麥麵粉。

6 _ 將烤箱調低至180℃,麵團放入烤5分鐘後,再調低至 160℃,並再烤10至12分鐘。
烤好後放到冷卻網上冷卻。

地瓜迷迭香比司吉 食譜在第108頁

我平常就很喜歡地瓜與迷迭香這個組合，所以總會在地瓜料理中加入迷迭香。
如果在烘焙中使用能有效降低發炎指數，同時也對血管疾病有益的蕎麥粉，
做出來的糕點口感就會更鬆軟，口味也非常適合搭配甜甜的地瓜。
一起來認識由這三種材料，創造出的全新蔬食餅乾。

櫛瓜司康 食譜在第109頁

櫛瓜沒有太重的味道，同時帶點隱約的甜味，很適合加在司康裡。
這裡我又加了菠菜粉，，司康呈現出清脆的草綠色，看起來更可口了吧？

地瓜迷迭香比司吉

8個 / 60分鐘
室溫可存放3天，冷藏7天

- 地瓜 75g
- 迷迭香葉 3g
- 全麥麵粉 92g
- 蕎麥粉 32g
- 有機非精製砂糖 40g
- 泡打粉 4g
- 鹽巴 1g
- 胡椒粉少許
- 低溫固態椰油 50g
- 豆漿 65g

1 _ 將地瓜皮洗乾淨後切絲，迷迭香則將葉子摘下來切碎。

　　* 完成這步驟後，烤箱以180℃預熱。

2 _ 全麥麵粉、蕎麥粉、砂糖、泡打粉、鹽巴、胡椒粉一起過篩，裝在大料理盆中。接著放入低溫固態椰油，用刮板切拌至粉變得酥鬆。

3 _ 倒入豆漿之後再拌一次。接著加入地瓜與迷迭香，用刮板拌成麵團。

4 _ 用冰淇淋杓將麵團挖成8等份（每個約40g），再把麵團揉成圓形放在烤盤上。

5 _ 用180℃烤15分鐘，烤好後放在冷卻網上冷卻。

櫛瓜司康

8個 / 55分鐘
冷藏可存放7天

- 櫛瓜 50g(或夏南瓜)
- 全麥麵粉 120g
- 菠菜粉 20g(或全麥麵粉)
- 杏仁粉 30g
- 有機非精製砂糖 60g
- 泡打粉 6g
- 鹽巴 2g + 醃櫛瓜用1撮
- 低溫固態椰油 40g
- 椰奶 90g

[認識用語]

司康跟比司吉的食譜雖然很像,但兩者在口感上有些微差異。司康來自英國,口感很有份量但偏軟。比司吉則是來自美國,口感較輕盈但較脆。

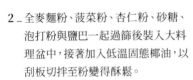

1 _ 櫛瓜切成細絲,裝在碗裡並撒入鹽巴(1小撮),輕輕拌一下後醃20分鐘。櫛瓜醃好後把多餘的水分擠乾,再用廚房紙巾包起來把多餘的水分吸掉。

＊完成這個步驟後,烤箱以 180℃預熱。

2 _ 全麥麵粉、菠菜粉、杏仁粉、砂糖、泡打粉與鹽巴一起過篩後裝入大料理盆中,接著加入低溫固態椰油,以刮板切拌至粉變得酥鬆。

3 _ 加入椰奶、櫛瓜後拌成麵團。

4 _ 用冰淇淋勺將麵團分成8等份(每個50g),捏成圓球狀放在烤盤上。

＊跟其他司康一樣,將麵團壓得緊實一點,揉成扁圓狀後再分成8等份就好。

5 _ 用180℃ 烤5分鐘,再調低至160℃烤5至10分鐘,烤好後放在冷卻網上冷卻。

香草佛卡夏 食譜第112頁

這份食譜可以打破一般人認為麵包很難做的偏見。使用全麥麵粉就不會有太多麩質，雖然不像
一般麵粉做成的麵包那麼有嚼勁，但口感卻更軟、更香。也推薦搭配羅勒、迷迭香等香草。
份量多又美味，是一款能夠用於許多搭配的麵包。

香草佛卡夏

20×30cm / 2小時
室溫可存放2天、冷凍3個月

- 蒔蘿 20g(或羅勒、迷迭香)
- 全麥麵粉 650g
- 鹽巴 10g
- 有機非精製砂糖 10g
- 乾酵母 8g
- 水 320g
- 橄欖油 60g

配料
- 蒔蘿 2～3株 (或羅勒、迷迭香)
- 鹽巴1至2小撮
- 磨碎的胡椒粒少許
- 橄欖油少許

[替代工具]

1 _ 如果沒有電動攪拌機的話,可以
　　將所有食材裝在料理盆中,攪拌
　　10分鐘直到變成光滑的麵團。

2 _ 如果沒有保鮮盒,可以用濕棉布
　　蓋住麵團避免表面乾掉,接著放
　　在室溫下發酵20分鐘。

1 _ 將蒔蘿的葉子摘下切碎,配料用的
　　蒔蘿則將葉子摘下就好。

2 _ 將全麥麵粉、鹽巴、砂糖、乾酵母、
　　水倒入電動攪拌機的攪拌盆後,以
　　低速攪拌1至2分鐘。
　　* 手動攪拌法請參考tip。

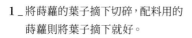

3 _ 一點一點將橄欖油倒入,接著以
　　中速攪拌3至4分鐘。

4 _ 加入碎蒔蘿葉,以低速攪拌1至2分鐘。

  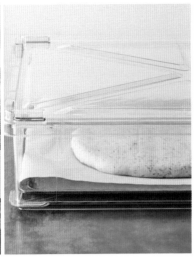

5 _ 揉成光滑的麵團後,將麵團裝入
　　料理盆中,蓋上濕棉布後靜置50至
　　60分鐘(夏天是40至50分鐘)進行
　　第一次發酵,等麵團膨脹成兩倍大。
　　* 用手指按壓麵團中央,若手指放開
　　後麵團仍維持原樣,就表示發酵完成。

6 _ 麵團放在烘焙紙上,
　　用擀麵棍擀成1cm厚。

7 _ 將麵團放到烤盤上,裝入保鮮盒裡
　　靜置20分鐘進行第二次發酵。
　　* 開始發酵之後,烤箱以 200℃預熱。

8 _ 用手指在麵團上戳洞。

9 _ 將配料用的蒔蘿放在洞裡,均勻撒
　　上鹽巴(1至2小撮)、研磨胡椒(少
　　許)、橄欖油(少許)。

10 _ 用200℃的烤箱烤20分鐘,烤好後放
　　　在冷卻網上冷卻。

蘋果瑪德蓮 食譜在第116頁

加入很適合搭配蘋果的肉桂粉，做出這
款口味高雅的瑪德蓮。雖然沒有瑪德蓮
的有趣肚臍，不過這裡添加了紅米穀粉
上色，另外也加了糖煮蘋果使口感更佳
溫和。

抹上肉桂糖漿之後，不僅能增添美味
與風味，更能夠讓瑪德蓮長時間保持
濕潤。

酪梨瑪德蓮 食譜在第118頁

柔軟細緻的口感,以及夾在中間的綠色酪梨,
讓人在品嘗的過程中能一直保有好心情。
再用黑巧克力與開心果做可口的裝飾,
就會是最棒的禮物。

蘋果瑪德蓮

15~16個/ 60分鐘
室溫可存放2天，冷藏7天

- 玄米粉 45g
- 紅米穀粉 5g(或玄米粉)
- 全麥麵粉 50g
- 杏仁粉 70g
- 葛根粉 5g
- 泡打粉 5g
- 肉桂粉 4g
- 蘋果泥 110g(約1顆蘋果的份量)
- 有機非精製砂糖 70g
- 豆漿 55g
- 葡萄籽油 50g

糖煮蘋果
- 蘋果 100g
- 有機非精製砂糖 20g
- 檸檬汁 20g
- 鹽巴1小撮
- 肉桂粉1/2小匙

肉桂糖漿
- 水 100g
- 有機非精製砂糖 100g
- 肉桂粉1/2小匙
- 肉桂棒1根

1 _ 首先製作糖煮蘋果。
將蘋果切成約1cm大的蘋果丁，切好後裝入鍋中。接著加入砂糖、檸檬汁與鹽巴後靜置10分鐘。

2 _ 鍋子放到爐子上，開中火後燉煮10分鐘直到湯汁收乾。
關火後撒上肉桂粉並拌勻。

3 _ 拿另一個鍋子，放入煮肉桂糖漿的食材，煮沸後關火冷卻。

4 _ 玄米粉、紅米穀粉、全麥麵粉、杏仁粉、葛根粉、泡打粉、肉桂粉一起過篩。

5 _ 蘋果洗乾淨後用刨絲板或食物處理機磨成泥。裝在另一個大料理盆中並加入砂糖,用打蛋器攪拌至砂糖融化。＊完成這個步驟後,烤箱用200℃預熱。

6 _ 將冷卻的糖煮蘋果 (55g) 和豆漿倒入盆中拌勻。

7 _ 一點一點加入葡萄籽油,同時一邊攪拌以避免油水分離。

8 _ 將步驟 ④ 過篩的粉倒入盆中並攪拌均勻,最後將麵糊裝入擠花袋中。＊將擠花袋放入較高的杯子中,開口反摺固定後可以更容易倒入麵糊(參考第78頁的步驟④)。

9 _ 在瑪德蓮模具中抹上一層薄薄的油,擠入麵糊至模具的80%滿。

10 _ 用200℃烤5分鐘,接著溫度調低為180℃再烤10分鐘。烤好從烤箱裡拿出來後就立刻脫模,放在冷卻網上並塗抹肉桂糖漿。

酪梨瑪德蓮

約16個 / 60分鐘
室溫可存放2天，冷藏5天

- 酪梨100 100g(約1/2個)
- 全麥麵粉 120g
- 杏仁粉 50g
- 玄米粉 15g
- 泡打粉 3g
- 豆漿 115g
- 葡萄籽油 105g
- 檸檬皮 5g
- 檸檬汁 5g
- 有機非精製砂糖 70g

檸檬糖霜
- 糖粉 70g
- 檸檬汁 30g(或礦泉水)

裝飾用
- 黑巧克力 150g
- 碎開心果 50g

1 _ 用刀子切入酪梨直到碰到酪梨籽，接著雙手握住酪梨的兩邊，兩手往不同方向將酪梨扭開，讓果肉與籽分離。

2 _ 酪梨去籽去皮後放在大料理盆中，用叉子壓成泥。

3 _ 全麥麵粉、杏仁粉、玄米粉、泡打粉一起過篩裝入另一個料理盆中。
　　＊完成這個步驟後，烤箱用 200℃預熱。

4 _ 在步驟 ② 的料理盆中加入豆漿、葡萄籽油、檸檬皮與檸檬汁，用打蛋器攪拌至完全混合。
　　＊檸檬皮作法請參考第86頁。

5 _ 加入砂糖後拌勻，再加入步驟 ③ 過篩的粉後拌勻，接著將麵糊裝入擠花袋。

* 將擠花袋放入較高的杯子中，開口反摺固定後可以更容易倒入麵糊(參考第78頁的步驟 ④)。

6 _ 在瑪德蓮模具中抹上一層薄薄的油，擠入麵糊至模具的80%滿。

7 _ 用200℃烤5分鐘，接著溫度調低為170℃再烤5分鐘。烤好從烤箱裡拿出來後就立刻脫模，放到冷卻網上冷卻。

8 _ 將檸檬糖霜的材料倒在碗中拌勻，塗抹在冷卻的瑪德蓮上，接著用220℃烤1分鐘後再拿出來冷卻。

9 _ 再大盆子裡加入熱水，並將裝著黑巧克力的小碗放進去，攪拌巧克力隔水加熱。

10 _ 將融化的黑巧克力塗抹在酪梨瑪德蓮表面，並在巧克力凝固之前撒上碎開心果。

菠菜馬鈴薯馬芬 食譜在第122頁

還有什麼食材像馬鈴薯與菠菜一樣，好入手又熟悉，且非常適合搭在一起呢？

用橄欖油增添風味的這款菠菜馬鈴薯馬芬，最適合用來代替正餐。放在冰箱冷藏，要吃之前再加熱就好。

也很適合搭配番茄，推薦搭配番茄羅勒糖煮水果一起享用。

菠菜馬鈴薯馬芬

6個 / 60分鐘
冷藏可存放7天

- 馬鈴薯（削皮後）150g
- 菠菜 45g
- 玄米粉 40g
- 全麥麵粉 40g
- 杏仁粉 30g
- 葛根粉 3g
- 泡打粉 3g
- 鹽巴 1g + 少許
- 豆漿 100g
- 檸檬汁 5g
- 楓糖漿 100g
- 橄欖油 40g
- 胡椒粉少許

1 _ 馬鈴薯切成 1×1cm 大小，菠菜葉子摘下來，分別用碗裝起來。

2 _ 在裝馬鈴薯的碗裡加入能完全浸泡馬鈴薯的滾水，再加1至2撮鹽巴浸泡10分鐘。

* 馬鈴薯煮熟後容易碎掉，可以先用這個方法做前處理。

3 _ 在裝菠菜的碗裡倒入能完全浸泡菠菜的滾水，加入1撮鹽巴靜置10秒鐘之後立刻將水篩掉。把菠菜的水擠乾之後，再將菠菜切成1公分長。

4 _ 玄米粉、全麥麵粉、杏仁粉、葛根粉、泡打粉、鹽巴 (1g) 一起過篩。

* 完成這個步驟後，烤箱用180℃預熱。

5 _ 拿一個料理盆，倒入豆漿、檸檬汁後用打蛋器拌勻，靜置5分鐘後再攪拌一次。接著一點一點慢慢倒入楓糖漿與橄欖油並一邊攪拌，讓所有食材完全混合在一起。

6 _ 將篩好的粉倒入步驟 ⑤ 的料理盆中，攪拌至完全沒有結塊。

7 _ 加入馬鈴薯跟菠菜後再攪拌一次。

8 _ 將烘焙紙鋪在馬芬模具中，用湯匙或冰淇淋勺將麵糊挖入模具，約裝至80%滿。

9 _ 在麵糊上撒上少許鹽巴、胡椒粉。

10 _ 用180℃烤20分鐘，烤好後在模具裡稍微放涼一下，然後再脫模放在冷卻網上冷卻。
*用竹籤或牙籤戳進去，如果沒有沾上任何麵糊，就代表完全烤熟了。

6個 / 40分鐘
室溫可存放4天

・ 全麥麵粉 180g
・ 有機非精製砂糖 120g
・ 泡打粉 6g
・ 鹽巴1撮
・ 豆漿 200g
・ 檸檬汁 10g
・ 葡萄籽油 60g
・ 橙果醬 60g (製作方法在第49頁)
・ 柳橙皮 80g
・ 葡萄乾 80g

柳丁馬芬

這是加入大量橙果醬跟果乾的馬芬。
用滴管裝一點柳橙汁搭配著一起吃，就能讓馬芬的口感更濕潤。
非常適合搭配紅茶，推薦可以搭著紅茶享受悠閒的下午茶時光。

1 _ 將全麥麵粉、砂糖、泡打粉、
　　鹽巴一起過篩。

2 _ 將豆漿、檸檬汁倒入另一個料理盆中，
　　用打蛋器拌勻後靜置5分鐘。
　　接著一點一點將葡萄籽油加入，
　　並同時用打蛋器攪拌，讓油跟豆漿與
　　檸檬汁混合在一起。
　　* 完成這個步驟後，烤箱以 170℃預熱。

3 _ 將橙果醬、柳橙皮、葡萄乾加入
　　步驟②的料理盆中拌勻。
　　* 如果沒有如果沒有柳橙皮，可以
　　多加橙果醬（80g），或是自製柳橙
　　果皮（1/2顆份）加進去。

4 _ 加入篩好的粉並拌勻。

5 _ 在馬芬模具中抹上薄薄的葡萄籽油
　　，並將麵糊挖到模具中，約裝至模
　　具的80%滿。

6 _ 用170℃烤20分鐘。烤好後放在
　　冷卻網上冷卻。
　　* 用竹籤或牙籤戳進去，如果沒有
　　沾上任何麵糊，就代表完全烤熟了。

No gluten **南瓜磅蛋糕** 食譜在第128頁

這是一款加入大量南瓜，吃起來很有飽足感的磅蛋糕。
用玄米粉加燕麥粉製作而成，又香又美味。
另外也可以將麵糊倒入馬芬模具中，用180℃烤20分鐘做成南瓜馬芬。

薑黃紅蘿蔔磅蛋糕 食譜在第130頁

這款磅蛋糕以紅蘿蔔蛋糕為靈感發想，使用的材料很多，準備起來會有點繁瑣，
不過品嘗到糕點的美味之後，就會覺得一切的辛苦都是值得的。薑黃粉若搭配胡椒粉一起食用，
能發揮抑制發炎的效果，推薦各位可以加點胡椒粉進去。

南瓜磅蛋糕

15×8cm 磅蛋糕 / 90分鐘
室溫可存放2天，冷藏7天

- 煮熟的南瓜 150g + 裝飾用少許
- 玄米粉 66g
- 燕麥粉 33g
- 泡打粉5g
- 鹽巴1撮

- 豆漿 100g
- 有機非精製砂糖 50g
- 龍舌蘭糖漿 30g
- 檸檬汁 5g
- 葡萄籽油 30g
- 南瓜籽少許

1 _ 南瓜洗乾淨之後去籽。
準備 150g 要煮熟的南瓜，另外裝飾
用的南瓜則像照片一樣切片。
將南瓜 (150g)放入電鍋蒸10分鐘。
蒸好後 100g趁熱用叉子壓成泥，
另外50g則連皮一起切成1cm的方形。

2 _ 玄米粉、燕麥粉、泡打粉、鹽巴
一起過篩。

3 _ 拿另一個料理盆裝豆漿、砂糖、龍舌
蘭糖漿與檸檬汁，並用打蛋器拌勻。
＊完成這個步驟後，烤箱用 180°C
預熱。

4 _ 將南瓜泥（100g）、葡萄籽油倒入步驟③的料理盆中，以打蛋器攪拌至完全混合。

5 _ 加入篩好的粉，拌成麵糊後將麵糊裝入擠花袋。

　*將擠花袋放入較高的杯子中，開口反摺固定後可以更容易倒入麵糊（參考第78頁的步驟④）。

6 _ 將烘焙紙裁剪成磅蛋糕模具的形狀，並放入模具中。

　*烘焙紙重疊的部分，可以稍微沾一點麵糊就能固定住了。

---

7 _ 麵糊倒入模具，裝至約2/3滿，將模具完全填滿不要留下任何縫隙，然後再將切塊的南瓜（50g）鋪在上面，最後倒入剩餘的麵糊。

8 _ 在麵糊上頭放上裝飾用的南瓜切片與南瓜籽。

9 _ 用180℃烤20分鐘，然後再調低至160℃烤30分鐘。烤好後先在模具中冷卻一下，然後再脫模放到冷卻網上冷卻。

　*用竹籤或牙籤戳進去，如果沒有沾上任何麵糊，就代表完全烤熟了。

 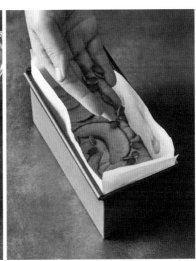 

薑黃紅蘿蔔磅蛋糕

23×5cm 的磅蛋糕模 / 70分鐘
室溫可存放3天，冷藏7天

- 全麥麵粉 100g
- 杏仁粉 30g
- 泡打粉 3g
- 肉桂粉 1g
- 薑黃粉 1g
- 紅蘿蔔 75g
- 蘋果 20g
- 亞麻籽 7g
- 楓糖漿 30g
- 水 60g
- 檸檬汁 5g
- 葡萄籽油 35g
- 有機非精製砂糖 70g
- 燕麥 40g + 裝飾用少許
- 核桃 4~5個

1 _ 全麥麵粉、杏仁粉、泡打粉、肉桂粉
    與薑黃粉一起過篩。

2 _ 紅蘿蔔、蘋果、亞麻子、楓糖漿、水
    、檸檬汁用果汁機打在一起，打好
    後再倒入大料理盆中。

3 _ 在步驟 ② 的盆中加入葡萄籽油、
    砂糖，以打蛋器攪拌至完全混合。
    * 完成這個步驟後，烤箱以 180℃
    預熱。

4 _ 倒入篩好的粉。

5 _ 加入燕麥(40g)攪拌，拌好後將麵糊裝入擠花袋。

* 將擠花袋放入較高的杯子中，開口反摺固定後可以更容易倒入麵糊參考第78頁的步驟 ④)。

6 _ 將烘焙紙裁切成磅蛋糕模具的形狀，並放入模具中。

* 烘焙紙重疊的部分，可以稍微沾一點麵糊就能固定住了。

7 _ 麵糊倒入模具中，再敲一敲模具底部讓麵糊變得紮實平整，不要有任何縫隙。

8 _ 在麵糊上撒上核桃與裝飾用的燕麥。

9 _ 用180℃烤20分鐘，接著溫度再調降至160℃烤10至15分鐘。烤好後放在模具中稍微冷卻一下，接著再脫模放到冷卻網上冷卻。

* 用竹籤或牙籤戳進去，如果沒有沾上任何麵糊，就代表完全烤熟了。

全麥無花果蛋糕 食譜在第134頁

這款蛋糕加了許多很有咀嚼感的甜甜無花果。最大的特色就是沒有添加任何奶油，吃起來清爽無負擔。
除了蘭姆酒之外，無花果乾也可以用水或蘋果汁泡開來使用。

全麥無花果蛋糕

直徑 15cm 慕斯模1個 / 70分鐘
室溫可存放7天

· 全麥麵粉 70g
· 玄米粉 50g
· 杏仁粉 15g
· 泡打粉 4g
· 鹽巴 1g
· 肉桂粉 1g
· 豆漿 120g
· 葡萄籽油 60g
· 有機非精製砂糖 85g
· 檸檬汁 10g
· 裝飾用無花果乾 2~3個

醃無花果
· 無花果乾 65g (約10個)
· 紅酒 20g (或蘭姆酒)

糖漿
· 有機非精製砂糖 30g
· 水 50g

1 _ 將醃無花果的食材放入湯鍋中，用小火煮2分鐘後盛出約70g。接著將裝飾用的無花果乾切成薄片。

* 前一天先把醃無花果做好風味更佳。

2 _ 將糖漿食材倒入小湯鍋中，以中火煮5分鐘直到砂糖完全融化後再關火冷卻。

3 _ 將豆漿、葡萄籽油、砂糖倒入大料理盆中，以打蛋器攪拌至完全混合，接著再倒入檸檬汁拌勻。

* 完成這個步驟後，烤箱用170℃預熱。

4 _ 全麥麵粉、玄米粉、杏仁粉、泡打粉、鹽巴、肉桂粉一起過篩，然後倒入步驟 ③ 的料理盆中拌勻。

[定型]
蔬食蛋糕的麵糊重量會因為食材的關係而較重，烤好之後比起將模具倒扣把蛋糕倒出來，更建議選擇使用容易脫模的慕斯模比較好。用鋁箔紙包住慕斯模避免麵糊外漏，接著在慕斯模底部與側面鋪上烘焙紙或烤盤紙，然後再倒入麵糊去烤，這樣脫模時就會輕鬆許多。

5 _ 倒入醃無花果 (70g)
後再攪拌一次。

6 _ 用鋁箔紙將慕斯模的底部包住,然後
再把麵糊倒入模具中。
＊ 也可以在圓形模具中鋪烘焙紙,
然後再倒入麵糊。

7 _ 將裝飾用的無花果乾切片放上去。

8 _ 用170℃烤20分鐘,接著調低至160℃
再烤20分鐘。烤好後趁熱放到冷卻
網上並刷上糖漿。
＊ 用竹籤或牙籤戳進去,如果沒有沾上
任何麵糊,就代表完全烤熟了。

滿滿紅豆抹茶蛋糕 食譜在第138頁

這是一款結合微苦的抹茶與甜甜紅豆沙的蛋糕。
以大量的蘋果磨成泥代替雞蛋，做出柔軟的口感。
推薦用自己做的低糖紅豆沙（56頁）代替市售的紅豆沙，
就能做出更健康美味的甜點。

滿滿紅豆抹茶蛋糕

直徑 15cm 的幕斯模1個 / 70分鐘
室溫可存放3天、冷藏7天

- 核桃 30g(或胡桃)
- 蘋果 60g(約1/3個)
- 椰奶 90g
- 醋 5g
- 有機非精製砂糖 78g
- 葡萄籽油 54g
- 玄米粉 24g
- 全麥麵粉 60g
- 抹茶粉 2g + 裝飾用少許
- 葛根粉 3g
- 泡打粉 4g
- 紅豆沙 40g(作法在第56頁)

紅豆巧克力醬
- 紅豆沙 50g(作法在第56頁)
- 椰奶 30g
- 黑巧克力 120g
- 葡萄籽油 15g

1 _ 將核桃鋪平在廚房紙巾上切開。蘋果洗乾淨後用刨絲板或食物處理機連皮一起打成泥。

2 _ 將椰奶、醋倒入大料理盆中，拌勻後靜置5分鐘。接著加入砂糖攪拌至完全融化。

3 _ 將蘋果泥倒入步驟②的料理盆中，一點一點倒入葡萄籽油，並一邊以打蛋器攪拌均勻。

＊完成這個步驟後，烤箱以180℃預熱。

4 _ 玄米粉、全麥麵粉、抹茶粉、葛根粉、泡打粉一起過篩，倒入步驟 ③ 的料理盆中拌勻。

5 _ 加入碎核桃後再輕輕攪拌一次。

6 _ 用鋁箔紙將慕斯模的底部包住，倒入約1/2的麵糊，再以一定的間隔一大匙、一大匙地將紅豆沙鋪上去。接著再倒入剩下的麵糊。

* 也可以在圓形模具裡鋪烘焙紙，然後再倒入麵糊。

7 _ 用180℃烤20分鐘後，再調低至160℃烤10分鐘。烤好後放到冷卻網上冷卻。

* 用竹籤或牙籤戳進去，如果沒有沾上任何麵糊，就代表完全烤熟了。

8 _ 製作紅豆巧克力醬。用手持攪拌機將紅豆沙、椰奶打在一起。

9 _ 用大碗裝熱水，再將裝著葡萄籽油與黑巧克力的小碗放進去，隔水加熱攪拌。融化後將巧克力倒入步驟⑧的容器中，再用手持攪拌機打成滑順的醬。

10 _ 將紅豆巧克力醬均勻塗抹在完全冷卻的抹茶蛋糕上，最後撒上抹茶粉就完成了。

芒果玄米蛋糕 食譜在第142頁

我在玄米粉麵糊加入芒果，做成這道獨特的米蛋糕。
用三片海綿蛋糕堆疊而成，最適合當成紀念日等
特殊日子的慶祝蛋糕。
每一片蛋糕之間夾入芒果果醬與百香果醬，
就能為蛋糕增添酸甜的滋味。
用熱熱的芒果醬包裹蛋糕的外層，
蛋糕吃起來會更加濕潤。

香蕉巧克力奶油蛋糕 食譜在第144頁

即使沒有奶油或鮮奶油，也可以用香蕉做出超棒的蔬食巧克力奶油喔。濃濃地抹在蛋糕上，吃起來不會有負擔又很美味。再加點被稱為超級食物的火麻仁和可可粒，就能夠兼顧健康。

芒果玄米蛋糕

直徑 12cm 的圓形蛋糕模3個 / 60分鐘
冷藏可存放5天

- 芒果果肉 240g
  (或冷凍芒果)
    + 裝飾用1/3個
- 玄米粉 140g
- 杏仁粉 100g
- 葛根粉 10g
- 泡打粉 8g
- 豆漿 24g
- 葡萄籽油 60g
- 有機非精製砂糖 40g
- 檸檬汁 4g
- 百香果醬 2大匙 (或無花果降、
  杏子醬、橙果醬等果醬)
- 食用花少許 (可省略)

芒果醬

- 芒果 100g
- 有機非精製砂糖 10g
- 寒天粉 1g

1 _ 將芒果 (240g) 用手持攪拌機打成泥，
裝飾用的芒果則切成塊狀。

2 _ 將豆漿、葡萄籽油、砂糖、檸檬汁倒
入大料理盆中，以打蛋器攪拌至完全
混合。

＊完成這個步驟後，烤箱用170℃
預熱。

3 _ 倒入芒果泥後再攪拌一次。

4 _ 玄米粉、杏仁粉、葛根粉、泡打粉
一起過篩，倒入步驟 ③ 的料理盆中。

5 _ 將烘焙紙剪成模具的形狀後放入模具中,將麵糊分成三等份倒入三個模具中,再用竹籤將麵糊表面整平。

6 _ 用170℃烤20分鐘。烤好後脫模,放在冷卻網上冷卻。＊用竹籤或牙籤戳進去,如果沒有沾上任何麵糊,就代表完全烤熟了。

7 _ 把芒果醬的材料全部裝入食物處理機中打在一起。打好後倒入湯鍋中,用小火煮3至5分鐘。

＊因為加了寒天粉,冷卻後就會凝固,所以建議趁熱時使用。

8 _ 將芒果醬均勻塗抹在完全冷卻的蛋糕,再放上1大匙的百香果醬。接著疊上第二片蛋糕。

9 _ 放上最後一片蛋糕之後,再仔細地塗抹上芒果醬。

10 _ 放上裝飾用芒果與食用花做裝飾。

香蕉巧克力奶油蛋糕

直徑12cm 的圓形蛋糕模 2個
60分鐘 (+奶油冷卻2小時)
冷藏可存放3天

- 玄米粉 88g
- 全麥麵粉 20g
- 杏仁粉 45g
- 無糖可可粉 10g + 裝飾用少許
- 葛根粉 5g
- 豆漿 140g
- 融化的椰油40g
  (或葡萄籽油)
- 有機非精製砂糖 70g
- 檸檬汁 5g
- 火麻仁 20g
- 可可粒少許 (可省略)

香蕉巧克力奶油
- 全熟香蕉 (剝皮後) 300g
- 無糖可可粉 15g
- 玉米澱粉 10g
- 龍舌蘭糖漿 30g

咖啡糖漿
- 濃縮咖啡 50g
- 有機非精製砂糖 30g

1 _ 先做香蕉巧克力奶油。
所有食材用果汁機打在一起。

2 _ 打好後倒入湯鍋中,以中小火邊攪
拌邊煮5至10分鐘,直到變成奶油
的濃度。煮好後放入冰箱冷藏至少
2小時。

3 _ 將咖啡糖漿的材料放入湯鍋中,用中
火煮2至3分鐘,沸騰後就關火冷卻。
* 雖然風味會比較差,但如果沒有濃
縮咖啡,也可以用5g即溶咖啡＋45g
水代替。

4 _ 將豆漿與融化的椰油倒入大料理盆中,
以打蛋器攪拌至完全混合,接著再加入
砂糖與檸檬汁拌勻。
* 椰油可能會凝固,所以如果是冬天
的話,建議要隔水攪拌。
* 完成這個步驟後,烤箱用 170℃預熱。

5 _ 玄米粉、全麥麵粉、杏仁粉、可可粉（10克）、葛根粉一起過篩，並倒入步驟 ④ 的料理盆中拌勻。

6 _ 加入火麻仁，攪拌成滑順的麵糊。

7 _ 配合模具的大小裁切烘焙紙，分別在兩個模具中放入烘焙紙，再倒入麵糊。

8 _ 用170℃烤15分鐘。烤好後脫模放在冷卻網上冷卻。＊用竹籤或牙籤戳進去，如果沒有沾上任何麵糊，就代表完全烤熟了。

9 _ 參考下圖，用麵包刀將隆起圓弧面切掉，讓蛋糕體變得平整。接著在切面上均勻塗抹咖啡糖漿（少許），然後再抹上香蕉巧克力奶油（少許）。

10 _ 將另一片蛋糕放上去，並在蛋糕外圍抹上咖啡糖漿，接著將香蕉巧克力奶油塗抹在上面與側面，最後撒上可可粉，並用可可粒裝飾側邊。

No sugar / No gluten **大蔥洋菇鹹蛋糕** 食譜在第148頁

鹹（sale）蛋糕是加了蔬菜和起司，讓糕點帶鹹味法式蛋糕。

烤過的大蔥又香又甜，搭配嫩豆腐、燕麥、洋菇，就是一款可以代替正餐蛋糕了。

搭配沙拉一起吃，應該就是很不錯的一餐吧？

大蔥洋菇
鹹蛋糕

20×20cm 四方模具 / 80分鐘
冷藏可存放7天

- 蔥白 100g + 裝飾用少許
- 洋菇 100g + 裝飾用少許
- 小番茄2個
- 橄欖油1大匙 + 20g + 少許
- 嫩豆腐 350g
- 豆漿 170g
- 有機非精製砂糖 100g

- 玄米粉 80g
- 杏仁粉 80g
- 玉米粉 10g
- 泡打粉 5g
- 燕麥 20g
- 鹽巴1撮
- 研磨胡椒少許

1 _ 將大蔥的蔥白部分（100g）切成
2至4等分，然後再切碎。裝飾用
的則切成蔥花。

2 _ 所有洋菇全部切成薄片，小番茄則
切成4至5等分。

3 _ 將橄欖油（1大匙）倒入熱好的平底鍋
中，將切碎的蔥、洋菇（裝飾用的份量
請不要下鍋）下鍋用中火炒5至7分鐘
後，加鹽巴和胡椒粉調味。炒好後在室
溫下放涼。

4 _ 將嫩豆腐、豆漿、橄欖油 (20g) 用果汁機打在一起，打好後倒入大料理盆中。

　　* 完成這個步驟後，烤箱已
　　170℃預熱。

5 _ 在步驟 ④ 的料理盆中加入砂糖後拌勻。接著將玄米粉、杏仁粉、玉米粉、泡打粉過篩後倒入盆中拌勻。

6 _ 加入燕麥、步驟 ③ 炒好的蔬菜後再攪拌一次。

---

7 _ 配合模具的尺寸與形狀裁切烘焙紙，放入烘焙紙後倒入麵糊。

8 _ 放上裝飾用的大蔥、洋菇、小番茄後，再撒一點橄欖 (少許)、鹽巴 (1撮)、研磨胡椒 (少許)。

9 _ 用170℃烤40分鐘，烤好後放在冷卻網上冷卻。

　　* 要等完全冷卻之後再用刀子切開，切面才會漂亮。

Plus Recipe

多種健康食材組合而成的
穀麥片與營養能量棒

接下來將介紹利用不僅能代替正餐，也能當作簡單的點心或是甜點的穀麥片做成的料理。

多做一點起來，用密封容器保存起來，就可以慢慢吃或當成禮物送人。

加入大量的堅果或是果乾

一起感受兼具美味與營養的穀麥片魅力吧！

穀麥片（granola）是用穀物、果乾、堅果類等，與楓糖漿或蜂蜜、油混合後烤成的麥片。
雖然市售的穀麥片也不錯，不過我也推薦各位可以學幾種穀麥片食譜。
因為真的沒有比這更簡單又美味的東西了！

No gluten

肉桂穀麥片

700g / 20分鐘
室溫可存放14天

- 堅果類
  (杏仁、核桃、胡桃、腰果等) 300g
- 燕麥 300g
- 肉桂粉 6g
- 楓糖漿 90g
- 融化的椰油 90g

1 _ 將堅果類切碎。
  * 完成這個步驟後，烤箱以 190℃
  預熱。

2 _ 將切碎的堅果到入料理盆中，加入
  燕麥、肉桂粉、楓糖漿，拌勻之後加
  入椰油再攪拌一次。

3 _ 烘焙紙鋪在烤盤上，把步驟 ② 的
  碎堅果鋪平在烤盤中，並以190℃
  烤10分鐘。烤的過程中要把烤盤
  拿出來，用勺子稍微翻一下
  再繼續烤。

4 _ 烤好後放在烤盤上等待降溫，
  完全冷卻後就可裝入密封容器中
  保存。

兩種巧克力穀麥片

讓我們用事先做好的穀麥片，做出簡單又獨特的甜點。
將穀麥片跟融化的巧克力拌在一起，再裹上想要的粉之後就完成了！
這裡將介紹裹上香濃黃豆粉的黃豆粉巧克力穀麥片，
還有裹著散發淡淡香味的椰絲巧克力穀麥片。

約20個 / 20分鐘
室溫可存放1個月

・穀麥片 200g
・黑巧克力 250g
・炒過的黃豆粉少許 (或麵茶粉)
・椰絲少許

[替代]
可以用堅果或玄米麵包粉代替
穀麥片拌入巧克力中。

1 _ 在大料理盆中裝入熱水，再把裝著巧
克力的小料理盆放進去，隔水加熱攪
拌融化巧克力。用 45~50℃的水融化
巧克力後，再放著讓溫度降到 30℃。
* 如果沒有溫度計，那就等到巧克力
變成質感濃稠但還是能夠向下流動
的狀態。

2 _ 在融化的黑巧克力中加入穀麥片
拌勻。

3 _ 將烘焙紙或烤盤紙裁切成理想的
形狀後舖在烤盤上。

4 _ 如果是要做黃豆粉巧克力穀麥片，
就等巧克力凝固之後再撒上炒過的
黃豆粉。如果是要做椰絲巧克力穀
麥片，則要在巧克力凝固之前撒上
椰絲，等到完全凝固之後，再切成
理想的大小。

No oven / No gluten

綠開心果脆片 食譜在第158頁

脆片（brittle）是口感介於咬下去會有咯吱聲的餅乾與糖果之間的甜點。
是將糖漿煮沸後加入泡打粉、堅果與果乾後製成。
製作過程中很容易凝固，所以應該先把食材都量好，盡快做好才不會失敗。
試著用男女老少都喜歡的玉米片、大家熟悉的南瓜籽、高級食材開心果，
以及超級食物奇亞籽，做成這款少見的蔬食點心吧。

No oven / No gluten

可可粒杏仁脆片 食譜在第159頁

這是加入略苦的可可粒與香噴噴的杏仁、酥脆的米香做成的脆片。
加入大量的芝麻，可以讓香味更上一層樓。堅果類可以依照個人喜好選擇，
不過推薦一定要放可可粒，因為很適合搭配甜甜的楓糖漿。
建議可以做得厚一點，做好之後再切成棒狀，就成了最迷人的點心。

綠開心果脆片

20×30cm / 20分鐘
室溫可存放14天

- 玉米片 50g
- 南瓜籽 100g
- 碎開心果 105g
- 奇亞籽 24g
- 楓糖漿 175g
- 香草籽醬1小匙
  (或香草香精1至2滴)
- 泡打粉 1/4小匙

1 _ 將玉米片、南瓜籽、碎開心果、奇亞籽倒入料理盆中拌勻。

2 _ 楓糖漿跟香草籽醬倒入平底鍋中，以大火煮沸至沸騰起泡。

3 _ 關火後加入泡打粉拌勻。

4 _ 將步驟 ① 的食材倒入鍋中快速攪拌。

5 _ 在烤盤裡鋪上烘焙墊或烤盤紙，將煮好尚未冷卻的開心果脆片平鋪成 20×30cm 的形狀。接著再室溫下放涼，再切成理想的大小。

可可粒杏仁脆片

20×30cm / 20分鐘
室溫可存放14天

- 杏仁片 40g
- 芝麻粒 40g
- 米香 30g(或炸玄米餅)
- 可可粒 16g
- 楓糖漿 175g
- 香草籽醬1小匙
  (或香草香精1至2滴)
- 泡打粉1/4小匙

[認識食材]

米香（croquante）在法文裡是
「酥脆」的意思，類似韓國的炸米餅。
可以在線上商城或是Hansalim買到。

1 _ 杏仁片、芝麻粒、米香、可可粒
倒入料理盆中拌勻。

2 _ 楓糖漿跟香草籽醬倒入平底鍋中，
以大火煮沸至沸騰起泡。

3 _ 關火後加入泡打粉拌勻。

4 _ 將步驟 ① 的食材倒入鍋中
快速攪拌。

5 _ 在烤盤裡鋪上烘焙墊或烤盤紙，
將煮好尚未冷卻的可可粒杏仁脆片
平舖成 20×30cm 的形狀。接著再
室溫下放涼，再切成理想的大小。

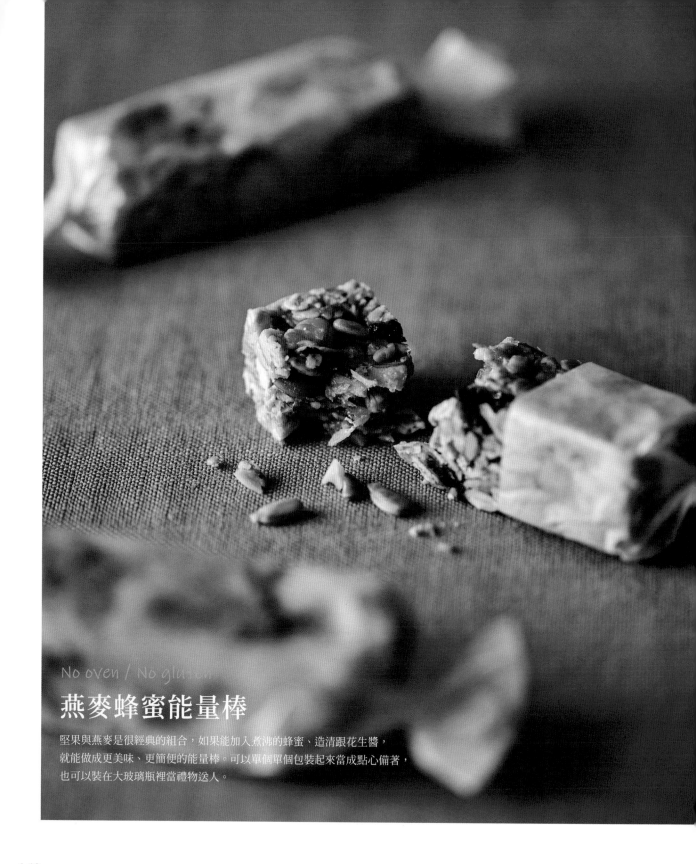

燕麥蜂蜜能量棒

堅果與燕麥是很經典的組合，如果能加入煮沸的蜂蜜、造清跟花生醬，
就能做成更美味、更簡便的能量棒。可以單個單個包裝起來當成點心備著，
也可以裝在大玻璃瓶裡當禮物送人。

20×20cm / 2小時
室溫可存放14天

· 燕麥 130g
· 碎核桃 50g
· 向日葵籽 60g
· 南瓜籽 70g
· 葡萄乾 50g
· 碎芒果乾 60g
· 蜂蜜 70g
· 造清 20g
· 花生醬 120g

[食材替代]
如果是不吃蜂蜜的素食主義者，
可以把造清增加到90g代替蜂蜜。
運用多種堅果與果乾，風味更佳且
營養價值更高，不過也可以一次
各用一種，做成簡單的能量棒。

1 _ 將燕麥、碎核桃、南瓜籽、向日葵籽
、葡萄乾、碎芒果乾倒入料理盆中
拌勻。

2 _ 蜂蜜、造清倒入平底鍋中，以中火煮
1至2分鐘。接著加入花生醬，邊煮
邊攪拌1分鐘。

3 _ 將步驟 ① 的食材倒入鍋中
快速攪拌。

4 _ 在烤盤裡鋪上烘焙墊或烤盤紙，將
煮好尚未冷卻的堅果燕麥平舖在烤
盤上並壓實，接著放入冷凍室裡冰
1至2小時。

5 _ 凝固後再切成理想的形狀。

index 索引 拼音別

全穀蔬食烘焙時間：韓國素食專家的 46 種不過敏、零負擔甜點配方大公開

作　　者／金妏柾
主　　編／蔡月薰
企　　劃／倪瑞廷
翻　　譯／陳品芳
美術設計／楊雅屏
內頁編排／郭子伶

第五編輯部總監／梁芳春
董事長／趙政岷
出版者／時報文化出版企業股份有限公司
108019 台北市和平西路三段 240 號 7 樓
讀者服務專線／ 0800–231–705、(02) 2304–7103
讀者服務傳真／ (02) 2304–6858
郵撥／ 1934–4724 時報文化出版公司
信箱／ 10899 臺北華江橋郵局第 99 信箱
時報悅讀網／ www.readingtimes.com.tw
電子郵件信箱／ books@readingtimes.com.tw
法律顧問／理律法律事務所 陳長文律師、李念祖律師
印　刷／和楹印刷有限公司
初版一刷／ 2021 年 10 月 22 日
定　　價／新台幣 420 元

時報文化出版公司成立於一九七五年，並於一九九九年股票上櫃公開發行，
於二○○八年脫離中時集團非屬旺中，以「尊重智慧與創意的文化事業」為信念。

全穀蔬食烘焙時間：韓國素食專家的 46 種不過敏、零負
擔甜點配方大公開／金妏柾作；陳品芳翻譯 . -- 初版 . --
臺北市：時報文化出版企業股份有限公司 , 2021.10

面；　公分

ISBN 978-957-13-9297-4(平裝)

1. 食譜 2. 禾穀 3. 蔬菜

427.3　　　　　　　　　　　　　110012644